Khushal Kapadiya

Perfil farmacológico do nucleósido de purina Imperative

Khushal Kapadiya

Perfil farmacológico do nucleósido de purina Imperative

ScienciaScripts

Imprint
Any brand names and product names mentioned in this book are subject to trademark, brand or patent protection and are trademarks or registered trademarks of their respective holders. The use of brand names, product names, common names, trade names, product descriptions etc. even without a particular marking in this work is in no way to be construed to mean that such names may be regarded as unrestricted in respect of trademark and brand protection legislation and could thus be used by anyone.

Cover image: www.ingimage.com

This book is a translation from the original published under ISBN 978-3-659-68070-0.

Publisher:
Sciencia Scripts
is a trademark of
Dodo Books Indian Ocean Ltd. and OmniScriptum S.R.L publishing group

120 High Road, East Finchley, London, N2 9ED, United Kingdom
Str. Armeneasca 28/1, office 1, Chisinau MD-2012, Republic of Moldova, Europe
Printed at: see last page
ISBN: 978-620-8-23542-0

ÍNDICE DE CONTEÚDO

PREFÁCIO

Na altura, quando fiz o doutoramento (Dr. Khushal Kapadiya), descobri que o andaime de purina se tornou um "**herói**" no campo da química medicinal, particularmente nos medicamentos quimioterapêuticos. Por isso, encontrámos o nosso alvo e decidimos procurar moléculas de primeira linha que pudessem ser facilmente sintetizadas e atuar como diversos agentes anticancerígenos. Para esta iniciação, escolhemos a 2,6-dicloropurina para completar o nosso objetivo.

Neste livro descrevemos a química das purinas e os seus produtos que podem ser utilizados atualmente em vários processos biológicos. O nosso objetivo era descobrir agentes anticancerígenos, pelo que nos concentrámos principalmente no rastreio anticancerígeno de estruturas sintetizadas. Das estruturas sintetizadas, muitas moléculas exibiram a maior atividade contra o cancro, que pode ser comparada com medicamentos padrão bem marcados.

Na parte da atividade, descrevemos o rastreio anticancerígeno de vários compostos sintetizados como um gráfico de valores GI_{50}. Assim, os leitores podem ficar a saber como é que a atividade contra o cancro foi realizada e que critérios podem ser seguidos para descobrir os agentes activos?

Este livro é utilizado principalmente por investigadores de mestrado e doutoramento que podem resumir as aplicações dos suportes de purina e dar um rumo adequado ao seu trabalho de investigação.

Este é o primeiro livro que fornece conhecimentos sobre uma entidade química específica num único volume e este tipo de livros não está disponível no mercado.

AGRADECIMENTOS

É um momento de gratificação e de orgulho olhar para trás com um sentimento de contentamento pelo longo caminho percorrido, poder recapitular alguns dos melhores momentos, poder pensar no número infinito de pessoas, algumas que estiveram comigo desde o início, outras que se juntaram a mim em alguma fase da viagem, cuja bondade, amor e bênçãos me trouxeram até hoje. Quero agradecer a cada uma delas do fundo do meu coração. Por conseguinte, antes de mais, inclino a minha cabeça humildemente perante ***o Deus*** Todo-Poderoso ***Shree Swaminarayan*** *por me ter tornado muito capaz de adotar e concluir esta importante tarefa.*

Os autores exprimem a sua sincera gratidão ao Departamento de Química da Universidade de Saurashtra, Rajkot, por ter cedido o laboratório e outras instalações e também à Lambert Academic Publishers por ter dado a oportunidade de publicar este livro através da sua estimada editora. Os autores agradecem vivamente ao Instituto Nacional de Saúde (NIH), Bethesda, EUA, pelo rastreio anticancerígeno dos compostos sintetizados.

Agradecemos às pessoas que me encorajaram e apoiaram a escrever este livro. Agradeço sinceramente aos meus colegas de faculdade e professores que me inspiraram a escrever este livro.

Por fim, muito obrigado a todos os que, direta ou indiretamente, se relacionaram com este livro.

1. INTRODUÇÃO

1.1. História e estrutura

O Prémio Nobel da Química (1902) Emil fischer[1,2] atribuiu o nome purina ao composto imidazo[4, 5- *d*]pirimidina fundido ***(Figura 1)*** em 1884 e realizou a sua síntese em 1898[3] . Demonstrou ainda, através de uma série de transformações bem concebidas, que as substâncias naturais adenina, xantina, cafeína[4] , ácido úrico e guanina correspondem a diferentes derivados hidroxilo e amino deste sistema fundamental .[5, 6]

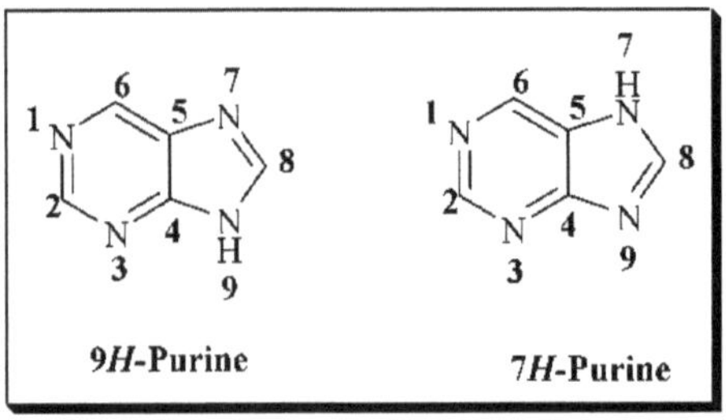

Figura 1: Isómero estrutural do anel purínico

A numeração do sistema de anéis da purina é anormal e parece que a purina é um derivado das pirimidinas. Existem, em princípio, quatro tautómeros possíveis da purina que contêm um *N-hidrogénio*; no estado cristalino, a purina existe como tautómero *7H*, no entanto, em solução, os tautómeros *7H* e *9H* ***(Figura 2)*** estão presentes em proporções quase idênticas; os tautómeros *1H* e *3H* não são significativos .[6]

As purinas naturais são substâncias amino e/ou oxigenadas e a maior parte da química das purinas refere-se a esses derivados. Uma vez que o estudo das purinas deriva do interesse pelos seus derivados naturais, desenvolveu-se uma nomenclatura "trivial" que é de uso geral. Um nucleósido é um açúcar (geralmente 9-(ribósido) ou 9-(2'-desoxirribósido)) derivado da base purínica (ou da base pirimidínica), por exemplo, a adenosina é o 9-(ribósido) da adenina, que é o nome trivial geralmente utilizado para as 6-aminopurinas. O nucleótido é um 5'-fosfato (ou di ou tri-fosfato) de um nucleósido, sendo a adenosina 5'-trifosfato (ATP) um exemplo. ***(Figura 3)***

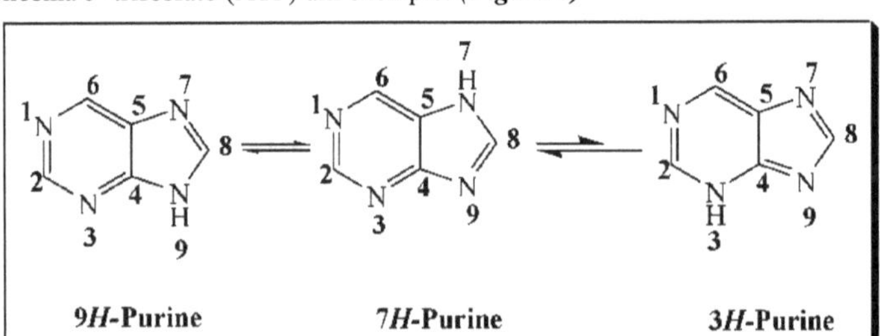

Figura 2: Estabilidade de ressonância do anel de purina

Há lições significativas a retirar da química das purinas, uma vez que as suas reacções demonstram a interação dos anéis imidazol e pirimidina dos seus constituintes. Assim, as purinas podem sofrer ataques electrofílicos e nucleofílicos nos carbonos do anel de cinco membros, mas apenas reacções nucleofílicas nos carbonos do anel de seis membros.

Além disso, devido à sua sensibilidade aos ácidos de Lewis e de Bronsted, que podem dar origem à clivagem das ligações anoméricas e à remoção dos grupos protectores (PGs), e às bases com a remoção de alguns PGs, são substratos ideais para testar o desempenho de um sistema catalítico; as condições de reação suaves e os tempos de reação curtos são uma obrigação, caso contrário predominam os produtos de decomposição.

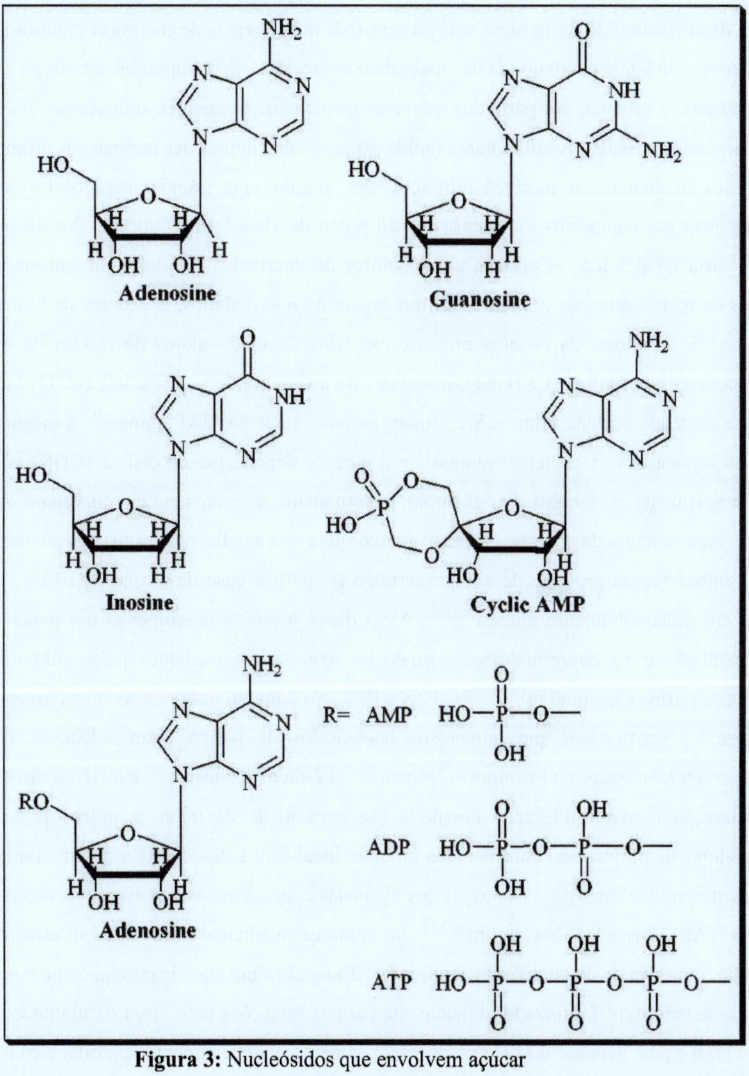

Figura 3: Nucleósidos que envolvem açúcar

2. OBRIGAÇÃO DE INVENÇÃO DO NUCLEÓSIDO DE PURINA

É um facto que os nucleósidos modificados são de grande interesse devido às suas potenciais aplicações farmacológicas e de diagnóstico. Foram exploradas muitas variações estruturais que envolvem alterações da nucleobase e/ou da porção de açúcar.

Como alvo, as purinas são de grande interesse por várias razões, mas em particular, juntamente com certas bases de pirimidina, são constituintes do ADN e do ARN e, consequentemente, de importância fundamental nos processos vitais. Além disso, como nucleósidos e nucleótidos, actuam como hormonas e neurotransmissores e estão presentes em algumas coenzimas. A interconversão de ésteres de mono, di e trifosfato de nucleósidos está no centro da transferência de energia em muitos sistemas metabólicos e está também envolvida na sinalização intracelular. Esta importância biológica central, juntamente com a procura, por parte dos químicos medicinais, de agentes antitumorais e antivirais (particularmente antissida), resultou numa rápida expansão da química das purinas nos últimos anos. Em química medicinal, os motivos purínicos têm atraído uma grande atenção devido à sua preponderância em compostos indispensáveis do ponto de vista farmacêutico[7] . Por exemplo, do ponto de vista terapêutico, as purinas são indutores de interferão, inibidores da sulfotransferase, inibidores da fosfodiesterase, inibidores da montagem de microtúbulos, inibidores da hidrolase do leucotrieno A4, inibidores da cisteína protease catepsina K, moduladores do recetor da hormona libertadora de corticotropina (CRH-R1), inibidores do transporte de nucleósidos, etc. Os inibidores de quinase contendo purinas, como a Src tirosina quinase[8] , a P38a MAP quinase[9] , a inositol-1,4,5-trisfosfato-3-quinase[10] , a proteína quinase[11] e a quinase dependente da ciclina (CDK)[12,13] foram também amplamente explorados. Por exemplo, a olomoucina, a roscovitina e o purvalanol A são os inibidores mais potentes da quinase; de facto, a roscovitina está atualmente em ensaios clínicos. Além disso, os inibidores da proteína de choque térmico (Hsp90) à base de purina, BIIB021, também entraram em desenvolvimento clínico[14 -16] . Além disso, a purina desempenha um papel vital na neurotransmissão e na neuromodulação, sendo os seus efeitos mediados pelas subfamílias de receptores de purina e pirimidina[17, 18] , P1, P2X e P2Y. No domínio das doenças infecciosas, como a tuberculose[19] , verificou-se que numerosos nucleósidos de purina eram selectivos contra a *Mycobacterium tuberculosis.* O composto "principal", a 2-metil adenosina[20] , é ativo contra bactérias em proliferação e não-proliferação devido à sua capacidade de inibir a síntese proteica. Os transportadores de purinas são considerados um alvo ideal para a descoberta e desenvolvimento de novos agentes antimaláricos[21,22] . O papel dos agonistas e antagonistas sintéticos dos receptores de adenosina (AR) baseados em purinas[23,24] na química medicinal tem sido sistematicamente investigado. O fosfonato de nucleósido acíclico (ANP) ligado a um anel de purina, como é o caso do adefovir e do tenofovir, é utilizado clinicamente para as infecções pelo vírus da imunodeficiência humana (*VIH*) e pela hepatite B (*VHB*)[25 - 28] respetivamente. Essencialmente, a purina é considerada como um heterociclo chave nos processos vitais. Uma descrição exaustiva da química medicinal da purina ultrapassa o âmbito desta reflexão.

3. VARIEDADE EM SINTÉTICA E FARMACOLOGIA APRESENTADA POR PURINA

❖ Indutores de interferão

A terapia com interferão (IFN), uma nova estratégia que está a ser considerada para o tratamento de infecções virais, consiste em induzir a síntese endógena de IFN com pequenos compostos de peso molecular biodisponíveis por via oral, como o imiquimod **(1)**. Este composto acabou por falhar nos ensaios clínicos, mas foi identificada uma nova série de 8-hidroxiadeninas 2-substituídas, incluindo os derivados de purina **(2)**, que apresentam uma excelente biodisponibilidade .[29 - 31]

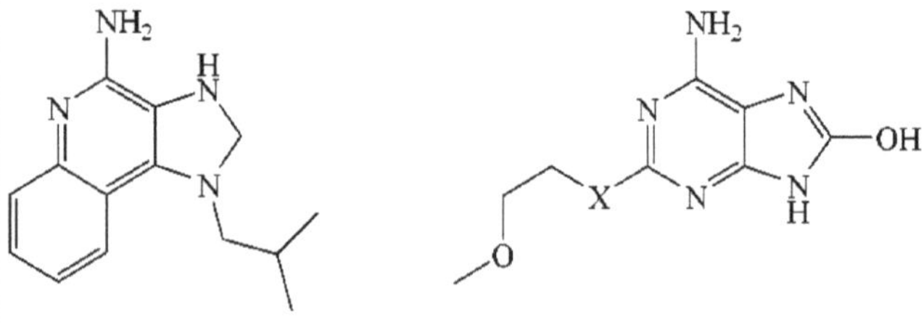

Imiquimod

1

X=O, S

2

❖ Inibidores da montagem de microtúbulos

Verificou-se que a miosseverina detém o ciclo celular na transição G2/M ao interferir com a montagem do fuso. O derivado N^9 ciclohexil **(3)**, a miosseverina B, é um inibidor melhorado e não tóxico da montagem dos microtúbulos e está atualmente a ser avaliado como candidato a medicamento anticancerígeno[32] . O alvo potencial era uma oxidoredutase dependente de NADP, o que permitiu a identificação de um novo fator necessário para a morfogénese dos microtúbulos e a divisão celular, tendo sido encontrado o composto mais potente, o diminutol **(4)**.

As células estaminais mesenquimais (MSC) são capazes de se diferenciar numa série de linhagens celulares, tais como osso, cartilagem, tecido adiposo, músculo, estroma e tendão, e desempenham papéis importantes na reparação e regeneração. A reversina[33] , uma purina 2,6-dissubstituída, tem a propriedade notável de induzir as células comprometidas com a linhagem miogénica a transformarem-se em células progenitoras mesenquimatosas multipotentes que podem proliferar e re-diferenciar-se em osso (osteoblastos).

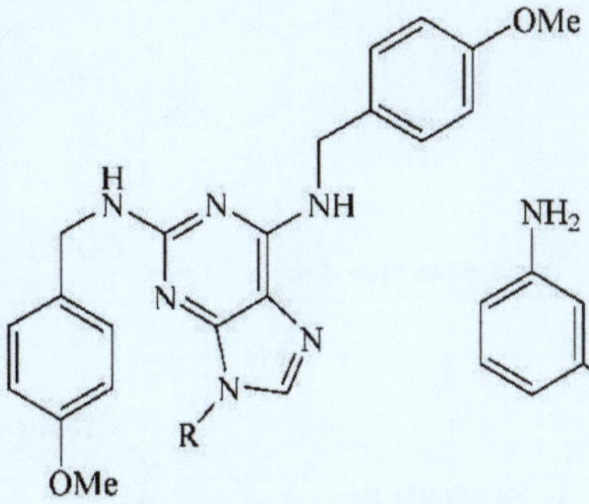

Myoserivin; R=i- Pr
Myoserivin B; R=cyclohexyl

3

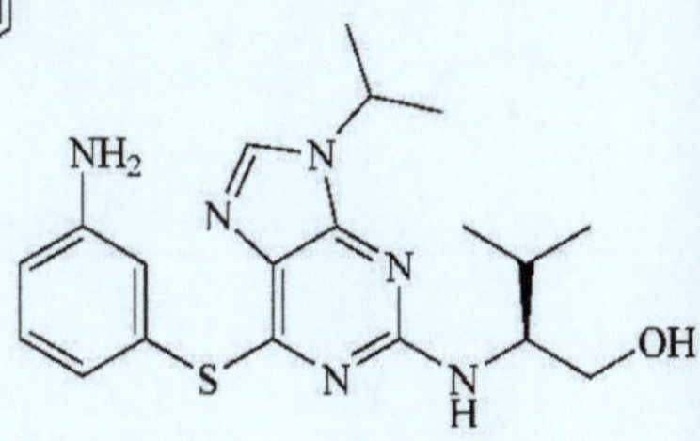

Diminutol

4

❖ **Inibidores da leucotrieno A_4 hidrolase**

A leucotrieno A4 hidrolase é uma enzima chave na biossíntese do leucotrieno B4 (LTB4). Uma série de imidazopiridinas e imidazopirimidinas (purinas) como a **(5)** foi testada e demonstrou ter melhores actividades do que os candidatos clínicos conhecidos SC-57461A e SC-56938 .[34]

❖ **Purinas antimicobacterianas**

Apesar da disponibilidade de agentes antituberculosos muito potentes, a tuberculose continua a ser motivo de grande preocupação devido ao desenvolvimento de formas da doença altamente resistentes aos medicamentos. Foram identificados novos agentes promissores através do rastreio de bibliotecas de purinas *6-tio-*N^9 - substituídas[35, 36] . Em particular, o éster etílico do ácido **(6)** **(6-decilsulfanil-purin-9-il)**-acético e o derivado do dodecil **(7)** apresentaram valores de CIM de 1,56 e 0,78 µg/mL, respetivamente, contra a estirpe *Mtb H37Rv*[37] . Os compostos **(8)** e **(9)** também foram considerados altamente activos contra *M. tuberculosis* (CIM = 1,56 e 0,39 µg/mL, respetivamente) com baixa toxicidade contra células de mamíferos.

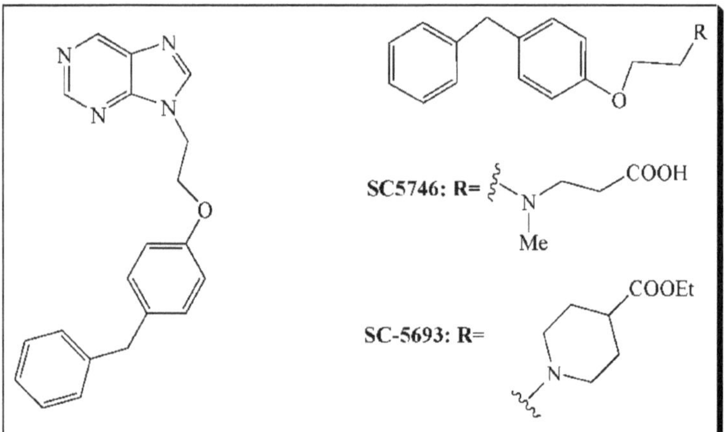

5

❖ **Inibidores da cisteína protease catepsina K**

A catepsina K (Cat K) é uma cisteína protease altamente expressa pelos osteoclastos e pelo tecido ósseo. Numa análise de alto rendimento de uma biblioteca de purinas, os investigadores da Novartis identificaram vários resultados interessantes, incluindo o composto **(10)**, um novo inibidor da catepsina K de baixa concentração nanomolar. A potência e especificidade desta purina 2, 6, 9-trissubstituída parece depender da natureza dos substituintes na posição orto do motivo 6-anilino. O interesse por estes inibidores resulta do papel crucial que a catepsina K desempenha na reabsorção da matriz óssea .[38]

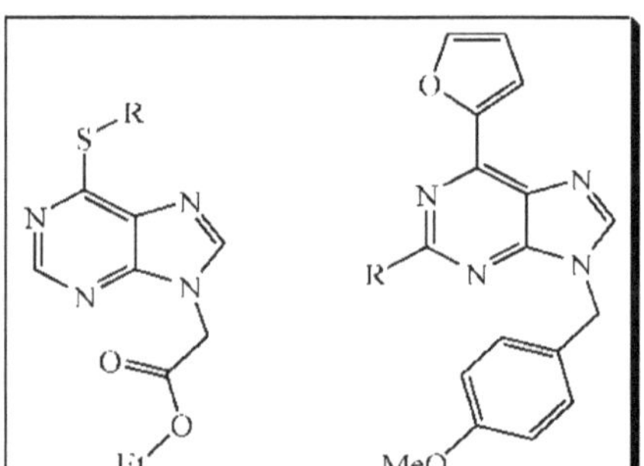

6: R= $C_{10}H_{21}$ **8: R=H**

7: R= $C_{12}H_{25}$ **9: R=Cl**

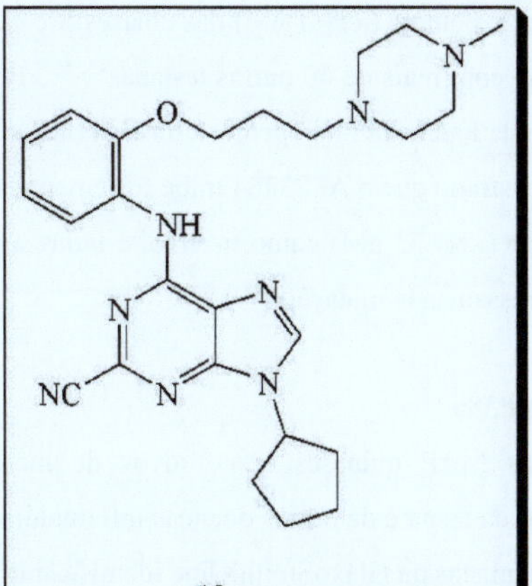

10

❖ Inibidores da fosfodiesterase

As fosfodiesterases (PDEs) hidrolisam as moléculas de segundo mensageiro AMPc e GMPc que estão envolvidas numa variedade de respostas celulares a agentes extracelulares, como hormonas e neurotransmissores. Para além das 11 famílias de PDEs, existem subtipos dentro das diferentes famílias, por exemplo, os cinco subtipos PDE4A, PDE4B, PDE4D2, PDE4D3 e PDE4D5 para a PDE4. Foram desenvolvidos vários inibidores potentes da PDE4, como a 2-iodopurina **(11)**. Recentemente, os compostos de adenina 3,8-dissubstituídos **(12)** e **(13)** demonstraram ser inibidores altamente potentes e selectivos da PDE4B, PDE4D3 e PDE4D5[39] . Os inibidores da PDE4[40] demonstraram eficácia em modelos de dermatite, artrite reumatoide, esclerose múltipla, doenças auto-imunes e várias doenças gastrointestinais e neurológicas. A 9-etilpurina 6-parasulfonamidilbenzilamino-substituída **(14)** é um inibidor potente e específico da PDE7. O composto **(15)** é um dos mais potentes inibidores da PDE1[41] conhecidos até à data. Foi demonstrado que a inibição da hidrólise do GMPc pela PDE1 e/ou PDE5 reduz a pressão arterial em animais hipertensos .[42]

❖ Inibidores da quinase

Inibição da tirosina quinase Src

A Src é uma proteína tirosina quinase não-recetora que é activada por receptores celulares específicos e funciona como um sinal de transdução precoce. Foram identificados muitos tipos diferentes de famílias de compostos que inibem competitivamente a atividade da Src quinase através da ligação no local do ATP. Foi relatado que o inibidor Src do tipo purina influencia a remodelação óssea[43] . A Ariad Pharmaceuticals também tem estado ativa neste domínio, demonstrando que os bisfosfonatos têm como alvo o osso e são inibidores potentes da Src (IC_{50}= 41 e 10 nM, respetivamente)[44] . O óxido de fosfina AP-23464 **(16)** é também um novo e excitante composto de purina, na medida em que é um inibidor seletivo e altamente potente (IC_{50}< 1 nM) das cinases Src e Abl, com especificidade para estas enzimas em comparação com mais de 40 outras testadas[45, 46] . Por conseguinte, tem potencial terapêutico para o tratamento da leucemia mielogénica crónica (LMC) resistente ao Glivec[47] . Além disso, foi recentemente demonstrado que o AP23464 inibe fortemente a atividade cinase do mutante D816V do c-kit, tanto in vitro (IC_{50}= 53 nM) como in vivo, e induz a paragem do ciclo celular e a apoptose em células que expressam esta mutação .[48]

Inibidores da MAP quinase P38α

O interesse significativo nas MAP quinases como alvos de medicamentos tem implicações importantes para o tratamento da asma e de outras doenças inflamatórias, como a artrite reumatoide e a doença de Crohn[49] . Os cientistas da GlaxoSmithKline identificaram os novos inibidores da p38a **(17)** e **(18)** (IC_{50}= 82 e 16 nm, respetivamente).

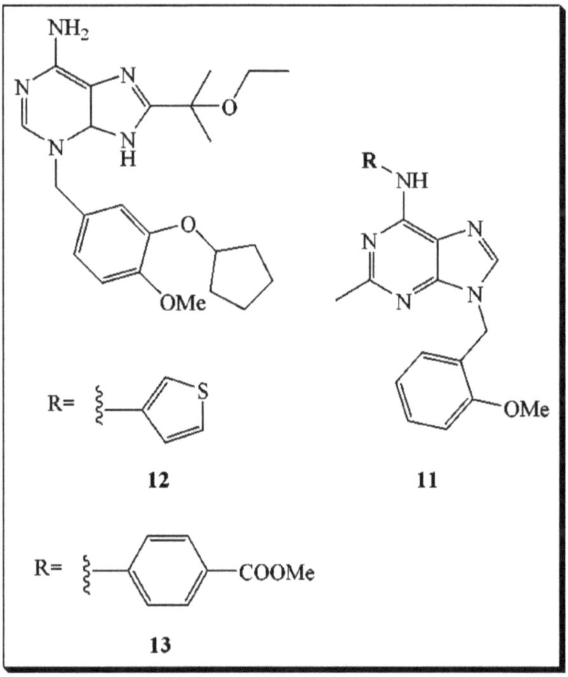

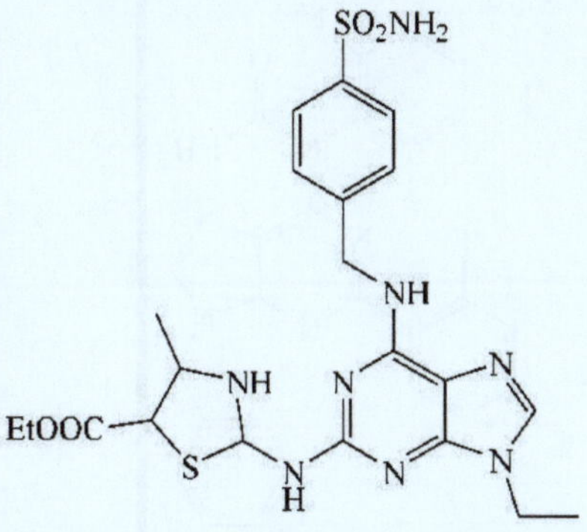

14

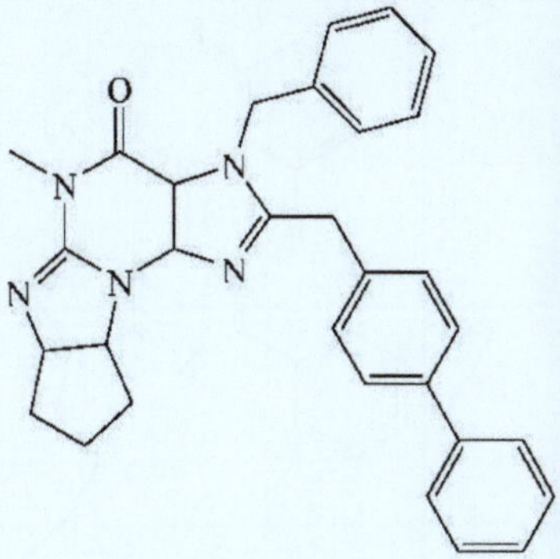

15

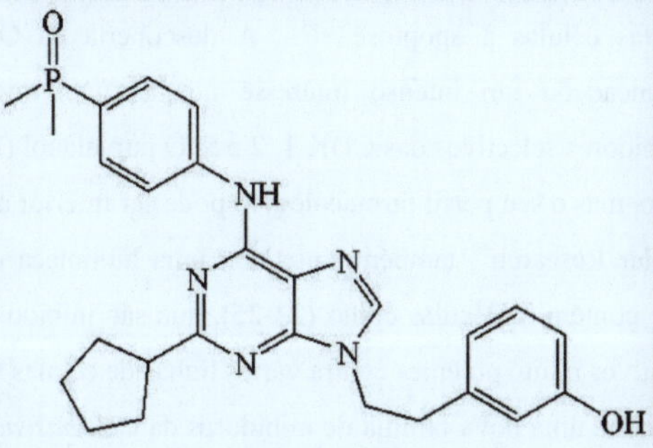

16

Inibidores da cinase dependentes da ciclina

A resposta biológica às cinases dependentes da ciclina (Cdks) é complexa, mas selectiva nas células tumorais. Devido aos seus pontos de controlo G1/S intactos, as células normais são bloqueadas de forma reversível por inibidores de Cdk na fase G1 ou na transição G2/M. Nas células transformadas, onde estes pontos de controlo estão defeituosos ou ausentes, a presença de inibidores da Cdk

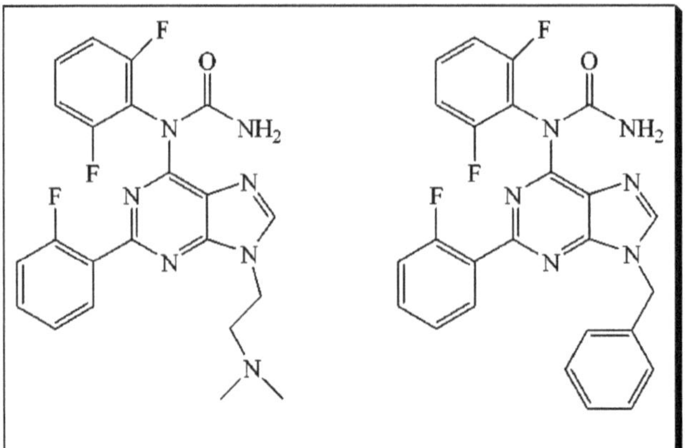

17 18

inibidores conduzem estas células à apoptose[50-53] . A descoberta da Olomoucina **(19)**[54] e da Roscovitina **(20)**[55] desencadeou um intenso interesse no desenvolvimento de purinas 2,6,9-trissubstituídas como inibidores selectivos das CDK 1, 2 e 5. O purvalanol **(21)** é um dos compostos mais potentes deste grupo, mas o seu perfil farmacológico pode ser inferior ao da roscovitina **(20)**[56] . O grupo Albani Molecular Research[57] também sintetizou uma biblioteca considerável de purinas 2,6,9-trissubstituídas que contém moléculas como **(22-25)**, que são inibidores moderados da CDK, mas agentes antiproliferativos muito potentes contra várias linhas de células humanas transformadas. Recentemente, foi descoberta uma nova família de inibidores da Cdk *baseados em O-alquilguanina* que não possuem o substituinte amina secundária aparentemente crucial em C-6. A partir da estrutura cristalina do composto líder inicial com a Cdk2, determinou-se que este se liga ao sítio ATP noutra orientação .[58, 59]

❖ **Purina como antimalárico**

Jersey, De J. *et al.* mostra que o parasita da malária Plasmodium falciparum depende da enzima de recuperação de purinas hipoxantina-guanina-xantina fosforibositransferase (HGXPRT) para converter as bases purinas do hospedeiro em nucleótidos necessários para a síntese de ADN e ARN.

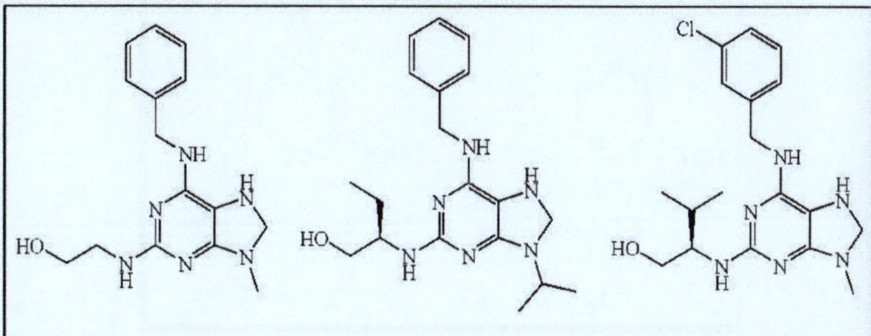

19 20 21

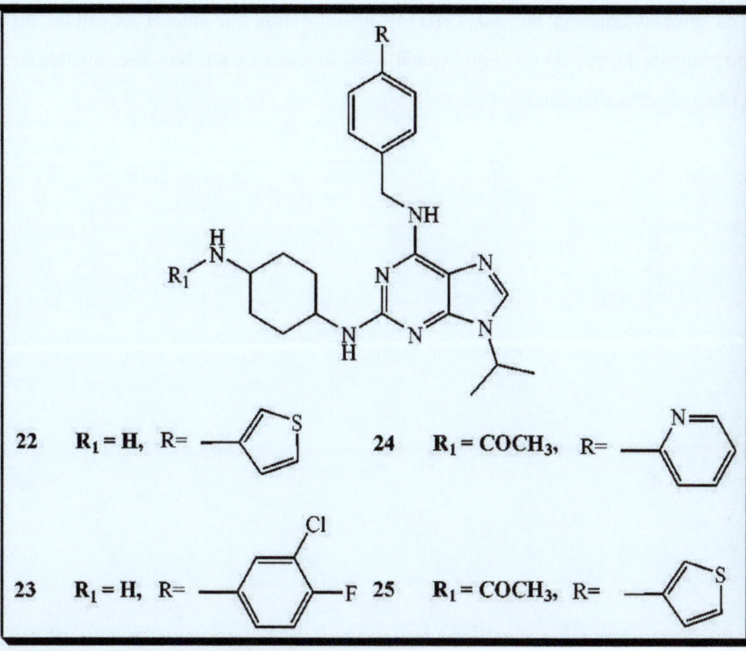

Uma abordagem para o desenvolvimento de medicamentos antimaláricos consiste em utilizar a HGXPRT para converter os análogos introduzidos à base de purinas em nucleótidos tóxicos para o parasita. Esta estratégia exige que estes compostos sejam bons substratos para a enzima do parasita, mas maus substratos para as suas contrapartes humanas. As bases HGPRT com um átomo de cloro na posição 6 **(26)** ou um azoto na posição 8 **(27)** apresentaram uma forte discriminação entre a HGXPRT do P. falciparum e a HGPRT humana.

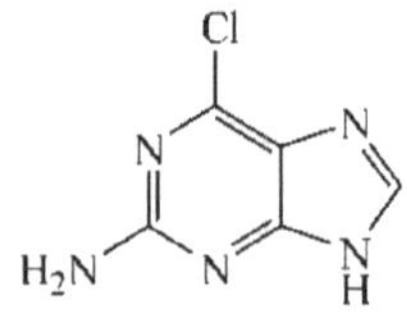

6-Chloro guinine

26

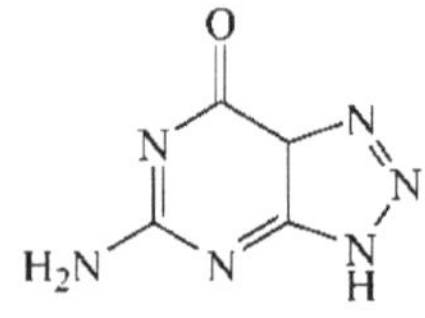

8-Aza guinine

27

❖ **Purinas como antivirais**

O vírus da imunodeficiência humana (*VIH*) é um retrovírus que infecta as células do sistema imunitário humano, destruindo ou prejudicando o seu funcionamento. Nas fases iniciais da infeção, a pessoa não apresenta sintomas.

4. A SITUAÇÃO MUNDIAL

Atualmente, estima-se que 34 a 46 milhões de pessoas vivam com *o VIH/SIDA*. Mais de 25 milhões de pessoas já morreram de SIDA. Quatro milhões de crianças foram infectadas desde o aparecimento do vírus. Dos 5 milhões de pessoas que foram infectadas com o vírus em 2003, 7 milhões eram crianças, quase exclusivamente devido à transmissão durante a gravidez e o parto, ou através da amamentação. África parece ser o lar de dois terços das pessoas que vivem com *VIH/SIDA* no mundo, mas apenas 11% da população total do planeta. Atualmente, cerca de um em cada 12 adultos africanos vive com *VIH/SIDA*. Um quinto das pessoas infectadas com *VIH* vive na Ásia.

O atual arsenal de medicamentos antivirais abrange quase 40 compostos que foram oficialmente aprovados para utilização clínica. A maioria dos medicamentos aprovados data dos últimos 5 anos e pelo menos metade deles é utilizada para o tratamento de infecções pelo vírus da imunodeficiência humana (*VIH*). Os outros antivirais atualmente disponíveis são utilizados principalmente para o tratamento de infecções pelo vírus da hepatite B (*HBV*), vírus do herpes (vírus herpes simplex (*HSV*), vírus varicela-zoster (*VZV*), citomegalovírus (*CMV*)), vírus da gripe, vírus sincicial respiratório (*RSV*) e vírus da hepatite C (*HCV*). Entre 40 compostos, os que possuem purina como estrutura central são solicitados abaixo com o seu espetro de atividade.

a. Abacavir (28)[60]

Espectro de atividade: *HIV-1 & 2, NRTIs*

Succinato de (1S,4R)-4-[2-Amino-6-(ciclopropilamino)-*9H-purina-9-il*]-2-ciclopenteno-1-metanol (ABC), Ziagen®

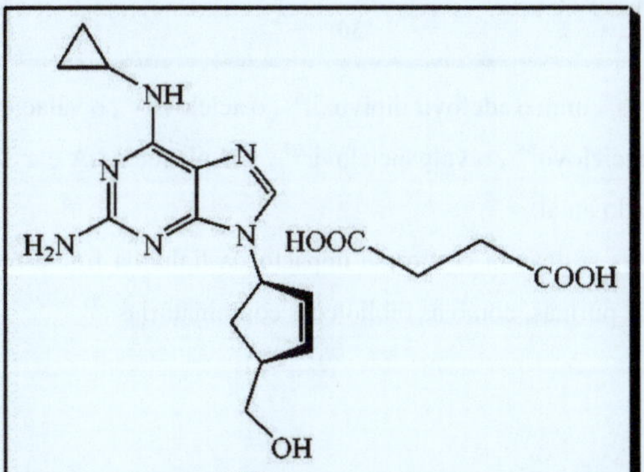

28

b. Didanosina (29)[61]

Espectro de atividade: *HIV-1* & 2, *NRTIs*

2', 3'-Dideoxinosina (ddl), Videx®, Videx® EC

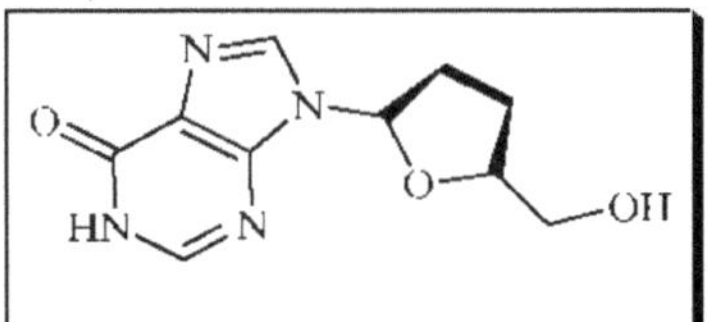

29

c. **Fumarato de tenofovir disoproxil (30)** [62]

Espectro de atividade: *HIV 1 & 2 e vários outros retrovírus, e HBV- NtRTI*

Sal fumarato do éster bis(isopropoxicarboniloximetil)de (R)-9-(2-fosfonilmetoxipropil)adenina, ou bis(POC)PMPA, Viread®

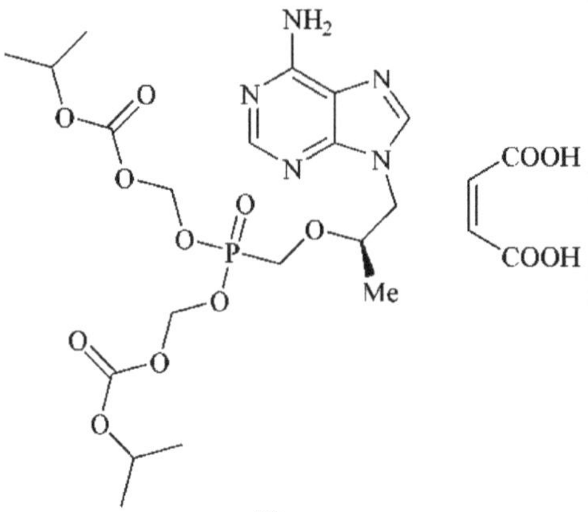

30

Muitos outros antivíricos, como o adefovir dipivoxil[63] , o aciclovir[64] , o valaciclovir[65] , o penciclovir[66] , o famciclovir[67] , o genciclovir[68] , o valganciclovir[69] , a naplanocina A e a 3-deazaneplanocina A[70] são utilizados no mercado atual.

Estes breves pormenores realçaram o enorme impacto da linha da frente para a criação de novos medicamentos à base de purinas, como as bibliotecas combinatórias .[71]

5. *OBJECTIVO*

O objetivo desta pequena introdução foi mostrar os recentes avanços na investigação de compostos à base de purinas como ferramentas químico-biológicas e ilustrar o seu potencial como agentes terapêuticos para tratar uma gama notavelmente vasta de doenças. Dado que as purinas (ATP, GTP, AMPc, GMPc, NAD, NADP, SAM, PAPS) desempenham um papel importante nos processos vitais, é natural que se analise o efeito da modificação dos substituintes do anel purínico na atividade biológica. A química das purinas presta-se a essa manipulação e, em consequência, foram preparadas bibliotecas extensas e diversificadas de derivados de purina com diferentes tipos e combinações de funcionalidade em essencialmente todos os sete centros reactivos no exterior da bicicleta. O desenvolvimento da metodologia para a síntese de bibliotecas de purinas foi acompanhado pelo desenvolvimento de novos ensaios de rastreio de elevado rendimento contra uma miríade de novos alvos proteicos. Há todas as razões para acreditar que novas e importantes aplicações terapêuticas das purinas estão apenas à espera de serem descobertas.

6. OBJECTIVOS PARA A INICIALIZAÇÃO DO ESTUDO

Em contraste com as propriedades perigosas de uma variedade de compostos aromáticos/hetroaromáticos, os compostos à base de purinas são ferramentas químico-biológicas e ilustram o seu potencial como agentes terapêuticos para o tratamento de uma gama extremamente vasta de doenças. Dado que as purinas desempenham um papel importante nos processos vitais, é um impulso natural analisar o efeito da modificação dos substituintes do anel purínico na atividade biológica. Nos compostos quimioterapêuticos modernos, o esqueleto de purina; um importante nucleósido modificado desempenhou um papel importante e os seus análogos, nos quais se encontram frequentemente estruturas de purina modificadas. A ocorrência do núcleo de purina em várias fontes naturais gerou o interesse de muitos grupos devido às suas propriedades biológicas vantajosas. Além disso, as purinas naturais são substratos essenciais dos ácidos nucleicos, que estão diretamente relacionados com enzimas e proteínas.

Num ramo da medicina, estão sempre a ser envidados esforços para desviar e modificar o alvo específico para ultrapassar a sua perigosidade e aumentar a sua farmacologia. Na continuação, muitos grupos estudaram a base de purina, acoplando-a a aminas aromáticas para gerar uma biblioteca de compostos utilizando vários solventes orgânicos como butanol, acetonitrilo, dioxano, DMF, DMSO na presença de aminas terciárias como Et3N, *N,* N-dimetilciclohexilamina ou diisopropiletilamina e os catalisadores utilizados são P2O5, K2CO3 e Cu/K3PO4, o que pode mostrar uma grande diversidade em comparação com os scaffolds originais.

Ao longo do desenvolvimento, foram utilizadas muitas reacções de acoplamento para sintetizar um certo número de moléculas utilizando vários tipos de catalisadores metálicos. Em geral, este tipo de processo consome muito tempo e não tem especificidade para produzir os produtos desejados. Muitas destas reacções requerem técnicas cromatográficas para purificar as moléculas finais.

7. OBJECTIVO DO TRABALHO ACTUAL

Os nucleósidos representam uma classe de compostos que possuem actividades biológicas muito interessantes[147 - 150], especialmente antivirais e anticancerígenas. Estas actividades também aparecem nos nucleósidos arilo substituídos[151,152] com uma ligação entre o anel aromático e a porção nucleósida. Os derivados de purina fundidos também apresentam uma vasta gama de efeitos biológicos, por exemplo, antivirais[153,154], antimicrobianos[155], anti-inflamatórios[156], antitumorais[157], anti-hipertensivos[158], ansiolíticos[159], atividade vasodilatadora[160], anti-neoplásicos[161,162] e antiasmáticos[163,164].

Na continuação dos nossos estudos sobre nucleósidos modificados e em ligação com os nossos esforços, descrevemos através da aplicação de rotas de reação de acoplamento de cloro-amina para a síntese de acoplamento de purina cloro-amina. Além disso, os derivados de purinas com várias aril aminas substituídas em C2 e/ou C6 podem intercalar-se em 60 tipos diferentes de linhas celulares, o que pode dar um melhor suporte para agentes anticancerígenos do que os medicamentos tradicionais bem comercializados. Além disso, para reduzir a geração de subprodutos, desenvolvemos o acoplamento do cloro da purina com a amina primária através de um catalisador ácido com uma especificidade de quase 100% e um nível mínimo de subprodutos. No caso da purina, existem dois átomos de cloro nos carbonos C2 e C6 do anel de seis membros da pirimidina. É possível que haja uma proporção igual de reação em ambos os cloro, mas devido à deficiência eletrónica no cloro C6, este é substituído primeiro e depois o cloro C2 é substituído por amina primária utilizando ácido clorídrico e solvente polar prótico.

Todos os compostos sintetizados e as respectivas sequências de substituição foram caracterizados por várias técnicas espectroscópicas de RMN, tais como ^{1}H, ^{13}C, HMBC e outras técnicas como IR, espetrometria de massa.

8. ESQUEMA DE REACÇÃO

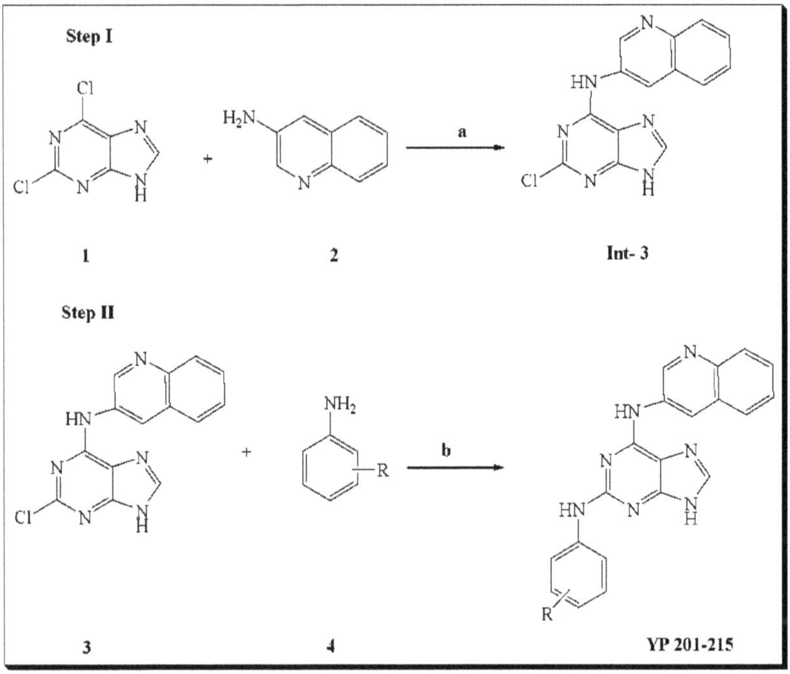

Reação e condições: (a) HCl, álcool isopropílico, 80° C, 12 h;

(b) HCl, Butanol, 110° C, 24 horas

Tabela 1: Parâmetros físicos de **YP-201 a YP-215**.

Code	R	M.F.	M.W.	Yield (%)	mp (° C)	R_f
YP-201	4-Cl	$C_{20}H_{14}ClN_7$	387.8	85	238	0.28
YP-202	4-CF_3	$C_{21}H_{14}F_3N_7$	421.4	82	259	0.36
YP-203	4-F	$C_{20}H_{14}FN_7$	371.4	82	204	0.38
YP-204	4-Br	$C_{20}H_{14}BrN_7$	432.3	80	245	0.35
YP-205	2-F	$C_{20}H_{14}FN_7$	371.4	83	198	0.36
YP-206	2-Cl	$C_{20}H_{14}ClN_7$	387.8	84	196	0.30
YP-207	4-CH_3	$C_{21}H_{17}N_7$	367.4	74	171	0.45
YP-208	4-C_2H_5	$C_{22}H_{19}N_7$	381.4	72	200	0.44

YP-209	4-OH	$C_{20}H_{15}N_7O$	369.4	66	190	0.42
YP-210	3-Cl, 4-F	$C_{20}H_{13}ClFN_7$	405.8	89	212	0.31
YP-211	2, 5- DiMe	$C_{22}H_{19}N_7$	381.4	70	176	0.47
YP-212	3-NO_2	$C_{20}H_{14}N_8O_2$	398.4	88	196	0.40
YP-213	3-Cl	$C_{20}H_{14}ClN_7$	387.8	86	190	0.35
YP-214	H	$C_{20}H_{15}N_7$	353.4	87	185	0.38
YP-215	2, 4- Di F	$C_{20}H_{13}F_2N_7$	389.4	91	188	0.39

9. MECANISMO DE REACÇÃO PLAUSÍVEL

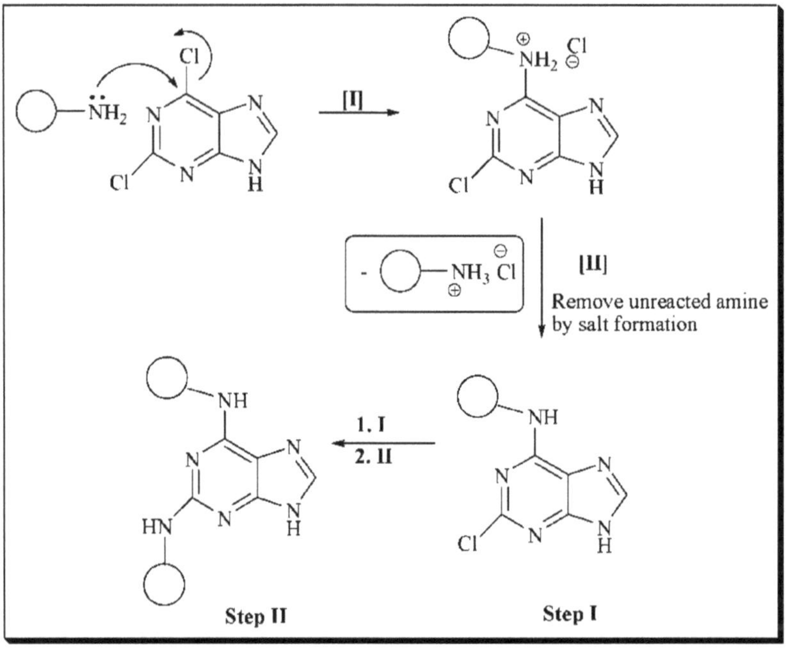

10. EXPERIMENTAL

1.10.1 *Materiais e métodos*

Os produtos químicos e os solventes foram adquiridos à Sigma-Aldrich Chemical Co., Merck Chemical, Finar e spectrochem Ltd. Todos os produtos químicos foram utilizados sem purificação adicional. A cromatografia em camada fina foi efectuada em placas pré-revestidas de 0,2 mm de sílica gel G60 F254 (Merck). A visualização foi efectuada sob luz UV (254 e 365nm) ou com vapor de iodo. Os espectros de IV foram registados num espetrofotómetro IR Affinity-1S (Shimadzu). ^{1}Os espectros de RMN de H (400 MHz) e^{13} C (101,1 MHz) foram registados num espetrómetro Bruker AVANCE II em DMSO-d6. Os desvios químicos são expressos em δ ppms abaixo do campo do TMS como padrão interno. Os espectros de massa foram determinados utilizando uma sonda de entrada direta num espetrómetro de massa GC-MS-QP 2010 (Shimadzu). Os solventes foram evaporados num evaporador rotativo BUCHI. Os pontos de fusão foram medidos em capilares abertos e não estão corrigidos.

10.2 Procedimento geral para a síntese da *N-(2-cloro-9H-purina-6-il)*quinolina-3- amina (Etapa-I).

A um balão de três gargalos seco no forno, a suspensão de purina (5 gm, 189,02 mol, 1,0 eq) e 3-aminoquinolina (3,05 gm, 0,0212 mol, 1,02 eq) em álcool isopropílico (2 vol., 10 ml), ácido clorídrico concentrado (0,5 ml, 0,10 vol.) foi adicionado gota a gota a 20° C e agitado à temperatura ambiente durante 1,0 horas. A mistura reacional foi aquecida até 80° C durante 12 horas. A conclusão da reação foi monitorizada por cromatografia em camada fina. A mistura reacional foi vertida em gelo picado e agitada à temperatura ambiente durante 1 hora. A mistura reacional foi filtrada e lavada com água, tendo a recristalização sido efectuada com etanol para obter produtos analiticamente puros. A estrutura do produto **(Int- 3)** foi confirmada por várias técnicas de espetroscopia.

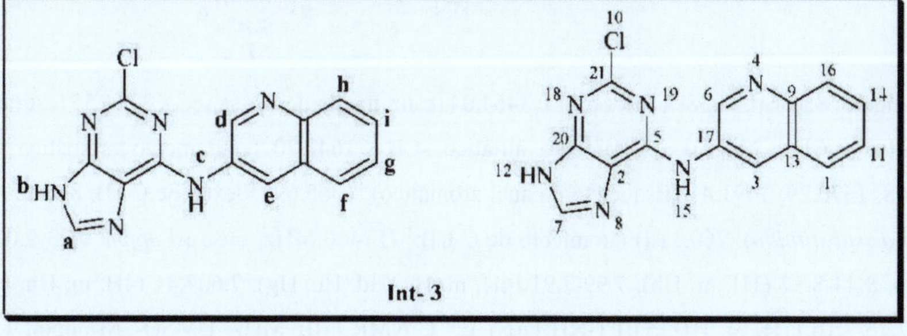

Int- 3

Rendimento: 87 %; mp: 178° C; IR (cm^{-1}): 3460,00 (estiramento de amina sec.), 3122,75 (estiramento de -CH aromático), 2974,09 (estiramento de -CH alifático), 1658,78 (estiramento de C=N aromático), 1602.85, 1573.91, 1492.90 (esqueleto de anel aromático), 1363.67 (flexão C-H), 756.10 (estiramento

C-Cl);[1] H (400 MHz, DMSO-d6) δppm: 11.58 (s, 1H, Hc), 9.68 (s, 1H, He), 9,67 (s, 1H, Hd), 9,28 (s, 1H, Ha), 8,32-8,30 (d, 1H, J= 8,0 Hz, Hi), 8,22-8,20 (d, 1H, J= 8,1 Hz, Hf), 7,98-7,93 (m, 1H, Hh), 7,86-7,82 (m, 1H, Hg), 6.53 (Broad-s, 1H, Hb);[13] C NMR (101 MHz, DMSO-d6) δ 1533.77, 152.03, 150.24, 142.38, 140.14, 135.56, 133.72, 131.71, 130.71, 129.55, 128.38, 128.34, 121.78, 115.89; MS: *m/z* 296 (M^+).

10.3 Procedimento geral para a síntese de N^2 -(fenil substituído)-N^6 -(quinolin-3-il)-*9H-purina-2*,6-diamina (Etapa-II).

A uma solução agitada do **produto 3 da etapa I** (5 gm, 0,016 mol, 1 eq) em butanol (2 vol., 10 ml), foram adicionadas aminas aromáticas substituídas (2,7 gm, 0,016 mol, 1 eq) e ácido clorídrico concentrado (0,5 ml, 0,1 vol.) de forma gota a gota/ lentamente sequencial. A mistura reacional foi agitada à temperatura ambiente durante 1,0 horas. As reacções foram monitorizadas por TLC [**1.** acetato de etilo; hexano (3:7); **2.** acetato de etilo (simples)]. Após a conclusão da reação, o solvente foi removido no vácuo, deixando o produto final oleoso em bruto. O produto em bruto resultante foi vertido em gelo picado. A mistura de reação foi filtrada e lavada com água refrigerada; a recristalização foi efectuada com etanol para obter produtos analiticamente puros. Todos os compostos da série **YP- 201** a **YP- 215** foram sintetizados pelo procedimento acima descrito e confirmados pelos espectros de RMN[1] H. Todos os dados físicos dos compostos são apresentados na **Tabela 2**.

10.3.1 N^2 -(4-Clorofenil)-N^6 -(quinolin-3-il)-*9H-purina-2*,6-diamina (YP-201)

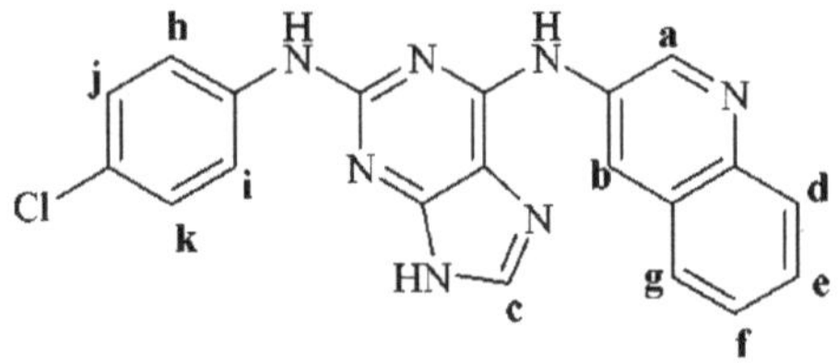

Rendimento: 85 %; p.f. 238° C; IR (cm^{-1}): 3464,04 (estiramento de amina sec.), 3121,55 (estiramento aromático - CH), 2942,01 (estiramento alifático -CH), 1642,70 (estiramento aromático C=N), 1605,08, 1570.29, 1491.41 (Esqueleto de anel aromático), 1365.69 (Flexão de C-H), 810.15 (OOP, anel *p-dissubstituído*), 760.11 (Estiramento de C-Cl);[1] H (400 MHz, DMSO-d6*) δppm*: 9.23-9.07 (1H, m, Ha), 8.44-8.37 (1H, m, Hb), 7.99-7.91 (4H, m, Hc, Hd, He, Hg), 7.607.41 (4H, m, Hh, Hi, Hj, Hk), 7.26-7.10 (1H, m, Hf), 5.01 (-NH largo);[13] C NMR (101 MHz, DMSO- d6) δppm: 154,16, 152,07, 144,14, 143,74, 141,76, 140,10, 132,21, 129,13, 127,46, 126,99, 126,69, 126,27, 125,39, 119,53, 115,12; MS: *m/z* 387,8 (M^+).

10.3.2 N^2 -(4-(Trifluorometil)fenil)-N^6 -(quinolin-3-il)-*9H-purina-2*,6-diamina. (YP-202)

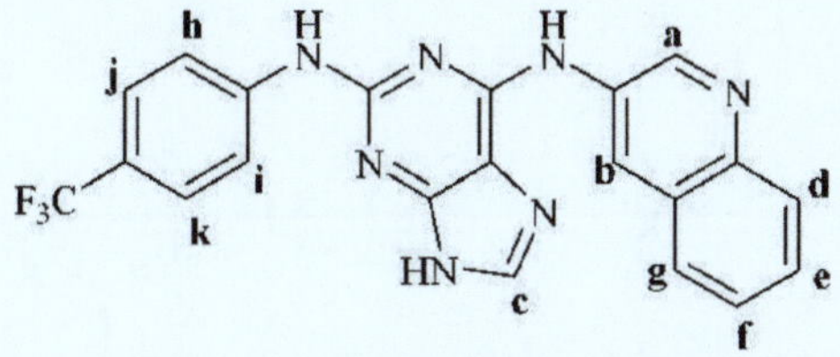

Rendimento: 82 %; mp: 259° C; IR (cm^{-1}): 3469,10 (estiramento de amina sec.), 3111,05 (estiramento de -CH aromático), 2950,21 (estiramento de -CH alifático), 1650,71 (estiramento de C=N aromático), 1615,19, 1571,20, 1499.01 (Esqueleto de anel aromático), 1360.61 (Flexão de C-H), 1330.87 (Estiramento de C-F), 812.19 (OOP, anel p-dissubstituído);^{1} H (400 MHz, DMSO-d6) δppm: 9.22-9.06 (1H, m, Ha), 8.10-8.03 (1H, m, Hb), 8.00-7.92 (4H, m, Hc, Hd, He, Hg), 7.74-7.55 (4H, m, Hh, Hi, Hj, Hk), 7.19-7.03 (1H, m, Hf), 4.74 (-NH largo);^{13} C RMN (101 MHz, *DMSO-d6) δppm*: 154.16, 152.07, 144.14, 143.74, 142.09, 141.76, 131.52, 131.21, 130.89, 130.58, 129.18, 127.46, 126.86, 126.27, 125.39, 123.87, 121.22, 120.97, 115.12; MS: *m/z* 421.4 (M^+).

10.3.3 N^2 -(4-Fluorofenil)-N^6 -(quinolin-3-il)-*9H-purina-2*,6-diamina. (YP-203)

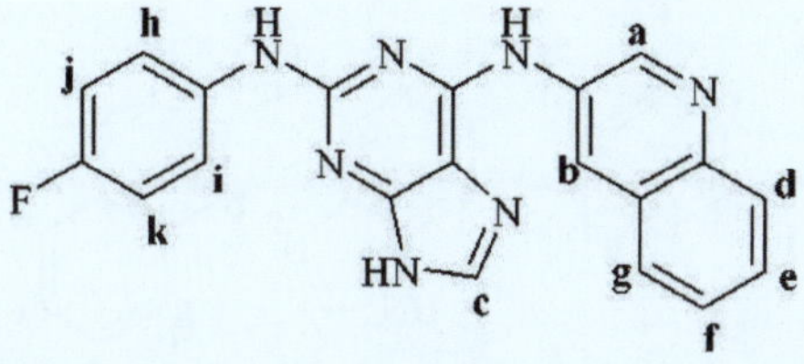

Rendimento: 82 %; mp: 204° C; IR (cm^{-1}): 3450,89 (estiramento de amina sec.), 3150,01 (estiramento de -CH aromático), 2955,35 (estiramento de -CH alifático), 1659,97 (estiramento de C=N aromático), 1645,59, 1588,15, 1488,03 (esqueleto de anel aromático), 1358,56 (flexão de C-H), 1332,56 (estiramento de C-F), 813.18 (OOP, anel *p-dissubstituído*);^{1} H (400 MHz, DMSO-d6) δppm: 9,42-9,26 (1H, m, Ha), 8,40-8,33 (1H, m, Hb), 8,02-7,94 (4H, m, Hc, Hd, He, Hg), 7,80-7.61 (4H, m, Hh, Hi, Hj, Hk), 7.27-7.11 (1H, m, Hf), 4.47 (-NH largo);^{13} C RMN (101 MHz, DMSO-d6) δppm: 162.69, 160.19, 154.16, 152.07, 144.14, 143.74, 141.76,

138,32, 127,46, 126,99, 126,69, 126,27, 125,39, 119,68, 115,12, 114,64; MS: *m/z* 371,4 (M^+).

10.3.4 N^2 -(4-Bromofenil)-N^6 -(quinolin-3-il)-*9H-purina-2*,6-diamina. (YP-204)

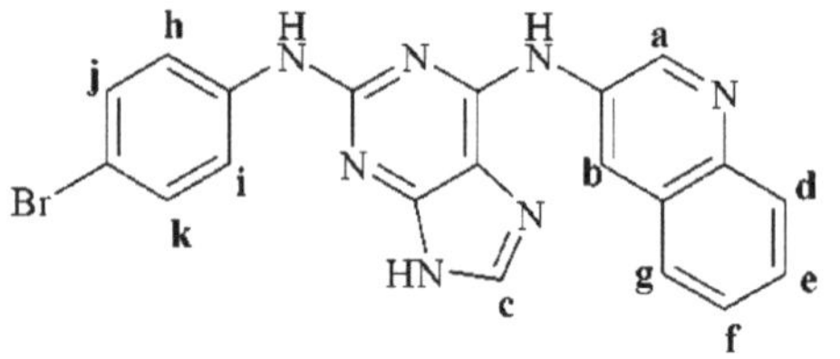

Rendimento: 80 %; mp: 245° C; IR (cm^{-1}): 3449,38 (estiramento de amina sec.), 3148,90 (estiramento de -CH aromático), 2962,20 (estiramento de -CH alifático), 1659,06 (estiramento de C=N aromático), 1616,18, 1582.23, 1475.91 (Esqueleto de anel aromático), 1352.60 (Flexão de C-H), 815.02 (OOP, anel *P-dissubstituído*), 675.09 (Estiramento de C-Br;[1] H (400 MHz, DMSO-d6) δppm: 9.39-9.25 (1H, m, Ha), 8.20-8.13 (1H, m, Hb), 8.00-7.92 (4H, m, Hc, Hd, He, Hg), 7.82-7.63 (4H, m, Hh, Hi, Hj, Hk), 7.39-7.23 (1H, m, Hf), 4.52 (-NH largo);[13] C NMR (101 MHz, DMSO- *d6*) δppm: 154.16, 152.07, 144.14, 143.74, 141.76, 140.26, 131.98, 127.46, 126.99, 126.69, 126.27, 125.39, 120.55, 115.12, 113.19; MS: *m/z* 432.3 (M^+).

10.3.5 N^2 -(2,4-Difluorofenil)-N^6 -(quinolin-3-il)-*9H-purina-2*,6-diamina.(YP-215)

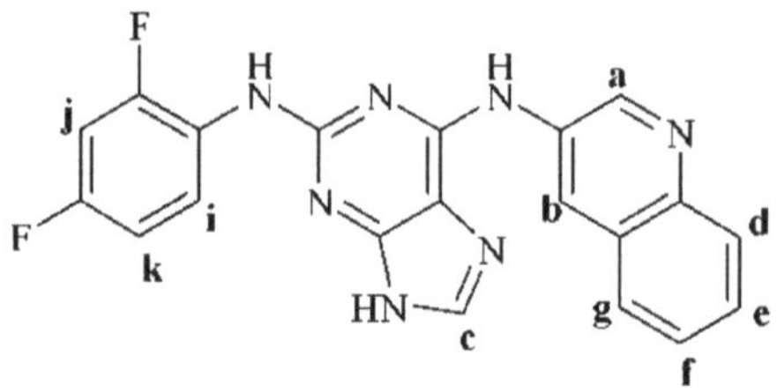

Rendimento: 91 %; mp: 188° C; IR (cm^{-1}): 3453,86 (estiramento de amina sec.), 3159,46 (estiramento de -CH aromático), 2951,30 (estiramento de -CH alifático), 1650,98 (estiramento de C=N aromático), 1645,50, 1580,95, 1480.93 (Esqueleto de anel aromático), 1368,50 (Flexão de C-H), 1352,05 (Estiramento de C-F), 810,10 (OOP, anel *p-dissubstituído*);[1] H (400 MHz, DMSO-d6) δppm: 9,32-9,18 (1H, m, Ha), 8,11-8.04 (1H, m, Hb), 7.96-7.88 (4H, m, Hc, Hd, Hj, Hk), 7.54-7.35 (3H, m, Hg, Hi, He), 7.29-7.13 (1H, m, Hf), 4.50 (-NH broad);[13] C RMN (101 MHz, *DMSO-d6*) δppm: 159.43, 157.97, 156.93, 155.48, 154.43, 152.36, 151.84, 144.14, 143.74, 141.76, 127.46, 126.99, 126.69, 126.27, 125.93, 125.39, 123.71, 115.35, 112.21, 105.24, 104.93; MS: *m/z* 389.4 (M^+).

11. ESPECTROS DE COMPOSTOS REPRESENTATIVOS

11.1 Estudo espetral de massa

Os espectros de massa foram registados no **modelo GC-MS-QP-2010** da Shimadzu utilizando **a técnica de sonda de injeção direta**. Foi observado um padrão de fragmentação sistemático na análise do espetro de massa. O pico do ião molecular para o intermediário **3** foi confirmado pela abundância do átomo de cloro (3:1). O pico do ião molecular para os aductos finais foi observado em concordância com o peso molecular do respetivo composto e em aliança sólida de acordo com a substituição presente nos mesmos. O padrão de fragmentação de massa para um composto representativo de cada série é descrito neste capítulo na parte espetral.

11.2 Estudo espetral de IV

Os espectros de IV foram registados no **modelo Shimadzu IR Affinity-1S**. Vários grupos funcionais presentes na molécula foram identificados pela frequência caraterística que lhes foi atribuída. A confirmação do intermediário **3, bem como** do **produto final**, foi efectuada pela presença de alongamento C=N a ~ 1650 Cm^{-1} que está relacionado com o anel aromático da purina e da quinolina. O valor de estiramento a ~ 3300-3500 Cm^{-1} confirmou a presença de ligação amina secundária nos produtos **(Int- 3, YP-201 a YP-215)**. A presença de frequência alifática a ~ 2950 Cm^{-1} confirmou a formação dos produtos **YP-207, 208 e 211**. Além disso, o grupo halogéneo presente no produto também dá a sua frequência específica de IR (comparativamente pobre).

11.3[1] H NMR spectral study

[1]Os espectros de RMN de H foram registados em solução **de *DMSO-d6*** num **espetrómetro Bruker Ac 400 MHz**, utilizando TMS como padrão interno. O número de protões e os seus deslocamentos químicos foram encontrados para apoiar a estrutura dos compostos sintetizados. [1]Os espectros de RMN de H confirmaram as estruturas dos análogos da purina **(YP-201 a 215)** com base nos seguintes sinais: o singleto para o protão do anel de cinco membros da purina (anel de imidazol) -CH foi observado a ~ 8,0 δppm e o protão C-2-H do anel de quinolina foi observado a ~ 9,0 δppm, ambos os sinais dão uma ideia da formação do produto **(YP-201 a YP-215)**. Mais

A confirmação precisa de alguns compostos foi efectuada através da observação de um pico específico relacionado com essa molécula, ou seja, o grupo etilo presente no composto YP-208 dá sinal a ~ 1,2 δppm e ~ 2,6 δppm como tripleto, quarteto, respetivamente; o grupo metilo mostra sinal a ~ 2,4 δppm como singleto no composto **YP-207**. Como variável do sinal do protão -NH, pode ser identificado por um sinal largo a ~ 6,55 δppm para o anel imidazol e ~ 11,50 δppm para - NH da amina aromática em C-2 e C-6 do anel purina. Verificou-se que os protões do anel aromático e o valor *J estão de* acordo com o padrão de substituição no anel fenilo.

11.4[13] Estudo espetral de RMN de C

[13]Os espectros de RMN de C foram registados em solução de *DMSO-d6* num **espetrómetro Bruker Ac 101,1 MHz**. O número de carbonos e os seus deslocamentos químicos foram encontrados para apoiar a estrutura dos compostos sintetizados. [13]Os espectros de RMN C confirmaram as estruturas dos análogos à base de purina **YP-201 a YP-215** com base nos seguintes sinais:

1. Sinal do anel de purina: O sinal do carbono C-2 do anel purínico foi observado a ~ 153 δ ppm; o sinal C6 foi observado a ~ 155 δ ppm. O sinal do carbono C-8 (carbono do anel imidazol) foi observado a ~ 145 δ ppm.

2. Sinal do anel de quinolina: O sinal para a quinolina C-2 e C-4 foi observado a ~ 144 δ ppm e ~ 128 δ ppm, respetivamente.

O pico para os substituintes presentes no C-2 da purina foi observado em sortido de acordo com os valores teóricos.

11.5 Estudo do espetro HMBC (Hetronuclear Multiple Bonded Co-relation Spectrum)

O trabalho realizado constitui uma nova perspetiva para uma análise de boa qualidade que ajuda a auxiliar a quantidade indicativa do produto da reação com uma técnica espectroscópica adequada. Nos análogos de purinas, devido a uma posição de substituição equivalente tanto em C-6 como em C-2, é difícil identificar e confirmar com a ajuda de técnicas analíticas simples. Este inconveniente pode ser ultrapassado através de técnicas de RMN bidimensionais, a fim de prever a reação SN^2 selectiva do local para obter a conformação da substituição esperada realizada em C-2 em vez de C-6.

Com referência ao espetro HMBC, observámos quatro picos fortes de hidrogénio H-10,[3] acoplamento JCH com C-13 e C-17 para dar um pico cruzado de baixa intensidade,[2] acoplamento JCH com C- 6 com pico cruzado forte em 3-amina quinolina como substrato.

Espectro de infravermelhos do Int-3

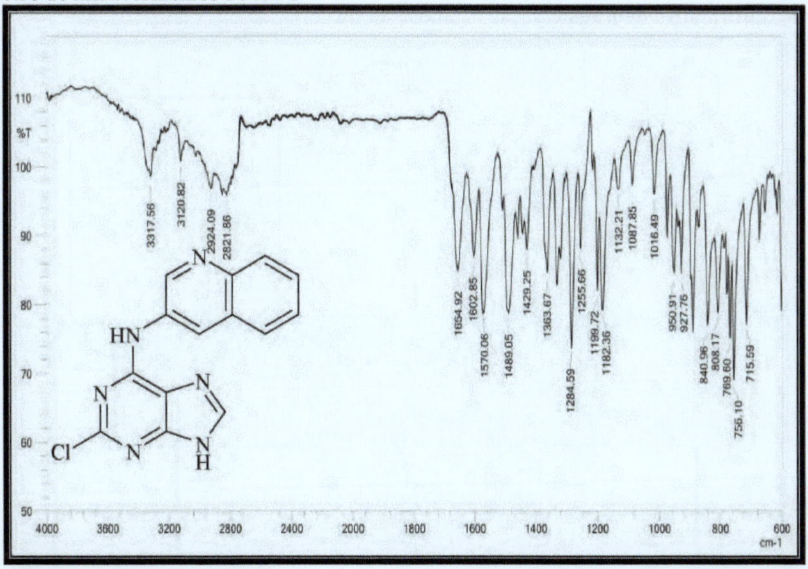

Espectro de massa de Int-3

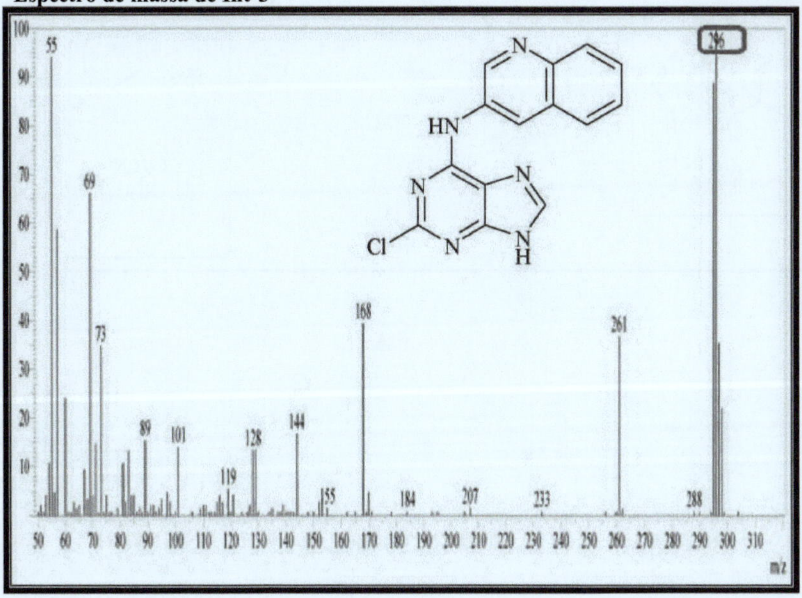

Padrão confirmativo de fragmentação de massa do Int-3

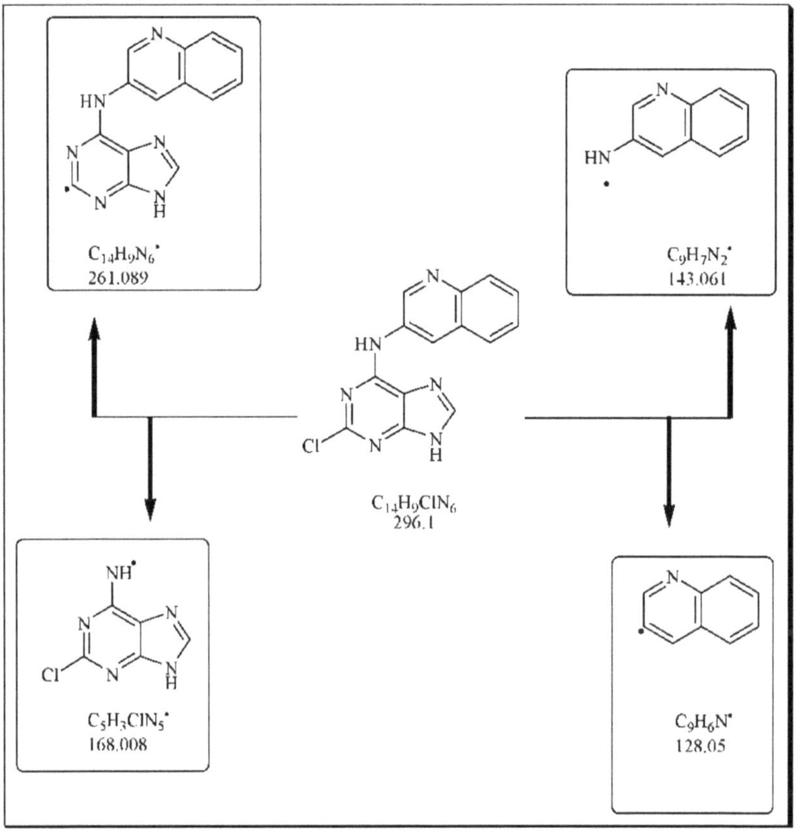

^{1}Espectro de RMN de H do Int-3

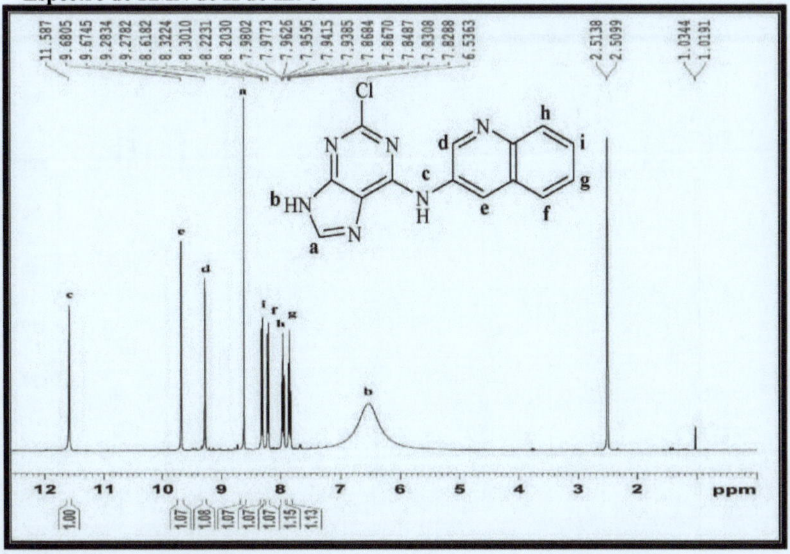

^{13}Espectro de RMN de C do Int-3

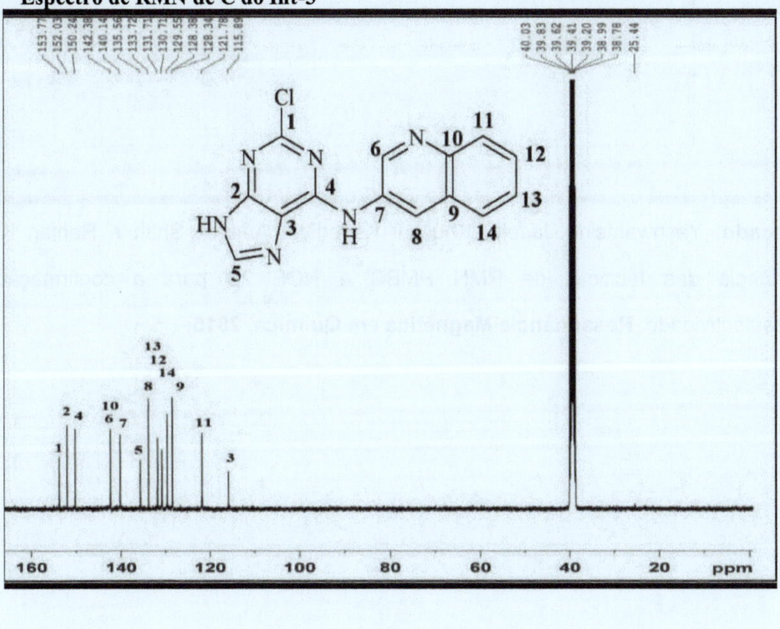

Espectro HMBC (Espectro Hetronuclear de Co-relações de Ligações Múltiplas) de Int-3.

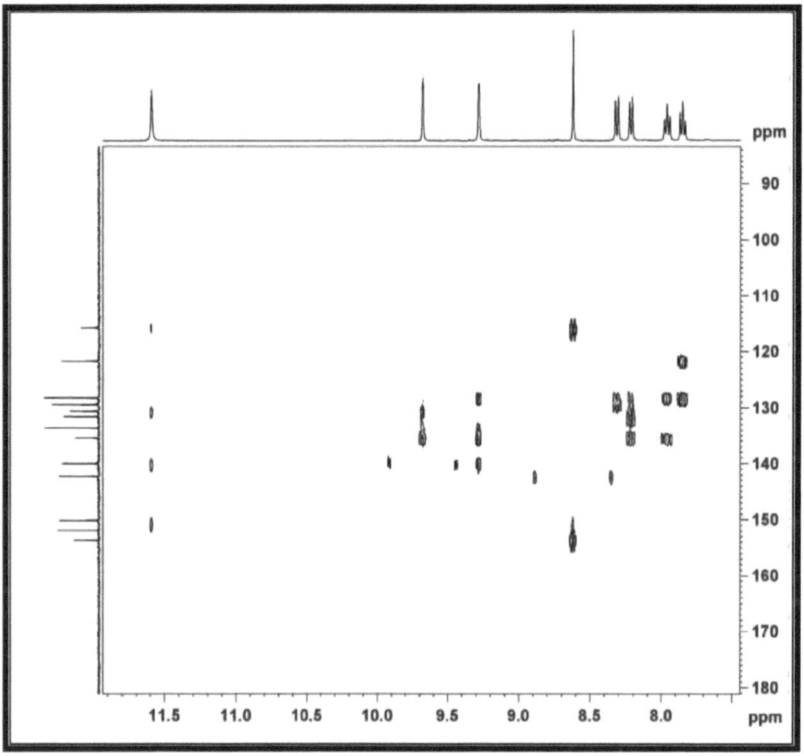

[**Publicado**: Yashwantsinh Jadeja, Khushal Kapadiya, Anamik Shah e Ranjan Khunt, Importância das técnicas de RMN HMBC e NOE 2D para a confirmação da regiosselectividade, **Ressonância Magnética em Química, 2015**]

Espectro HMBC expandido (Espectro Hetronuclear de Co-relações de Ligações Múltiplas) de Int-3.

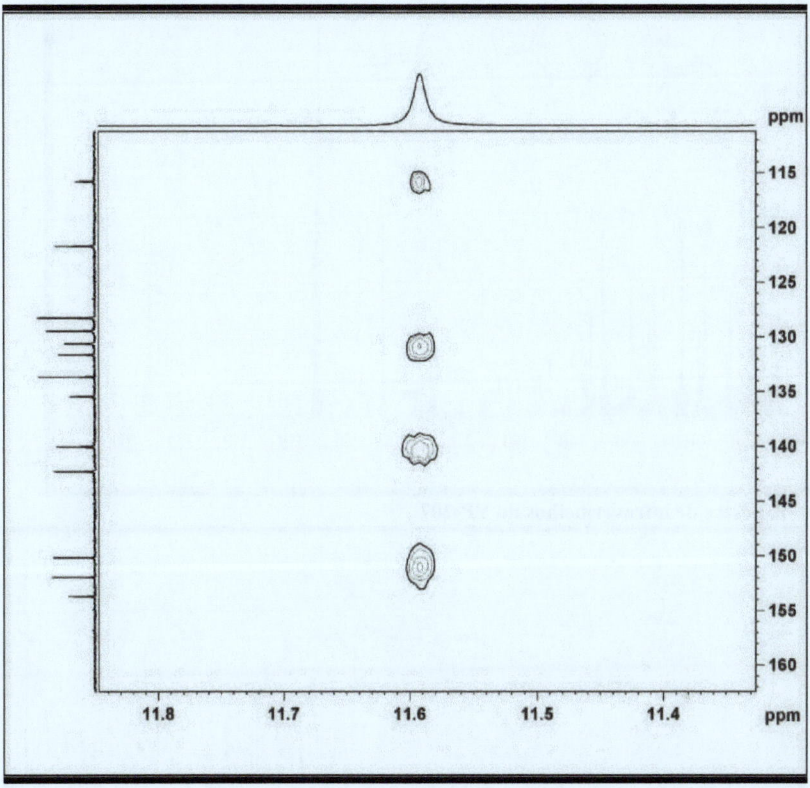

Espectro de massa de YP-201

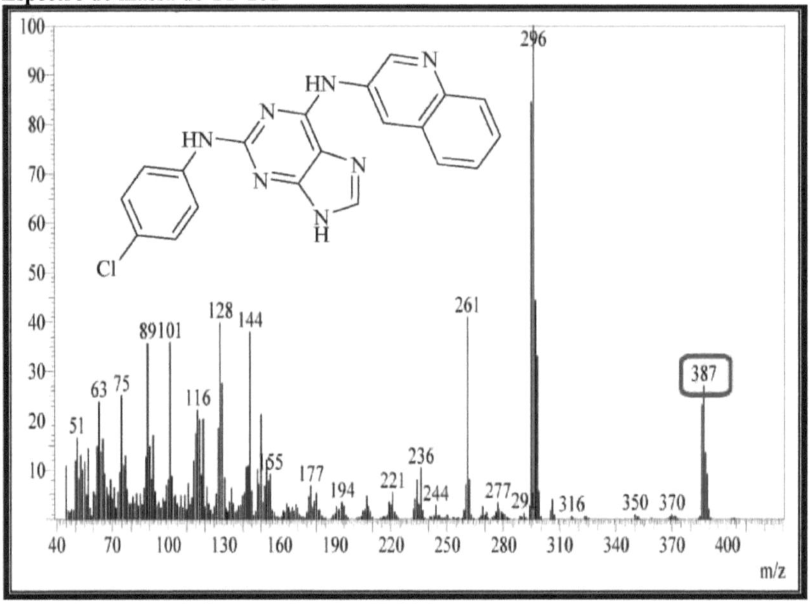

Espectro de infravermelhos do YP-207

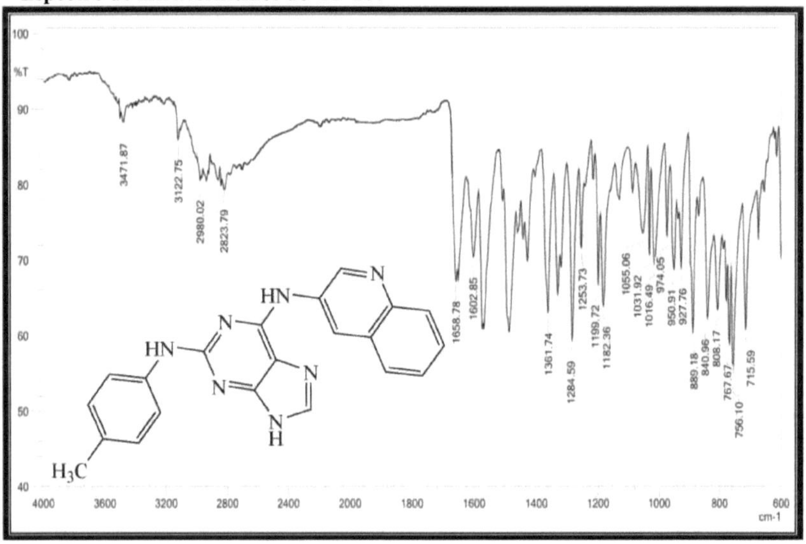

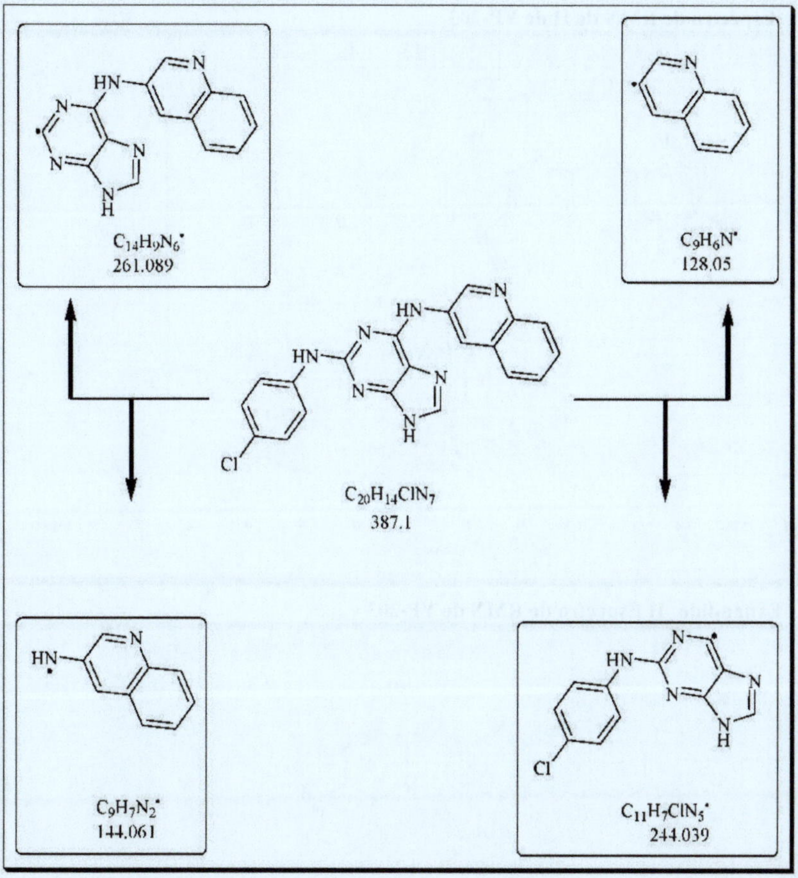
HN
N
N
N
N
H
$C_{14}H_9N_6^•$
261.089
N
$C_9H_6N^•$
128.05
HN
HN
Cl
$C_{20}H_{14}ClN_7$
387.1
HN
$C_9H_7N_2^•$
144.061
$C_{11}H_7ClN_5^•$
244.039

[1]Espectro de RMN de H de YP-203

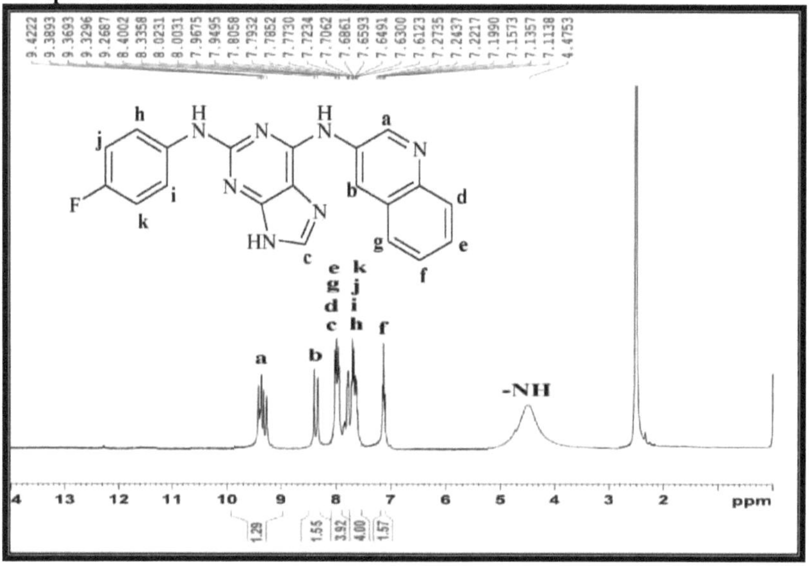

Expandido[1] H Espectro de RMN de YP-203

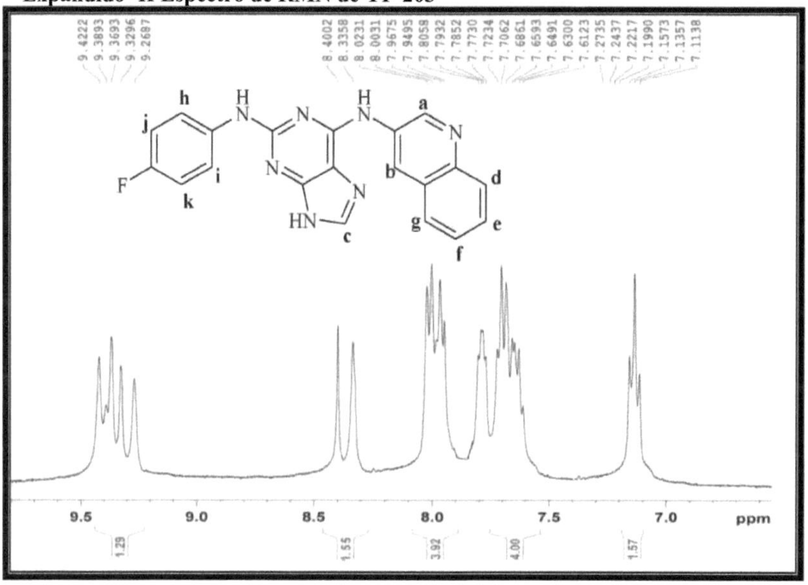

^{13}Espectro de RMN de C de YP-202

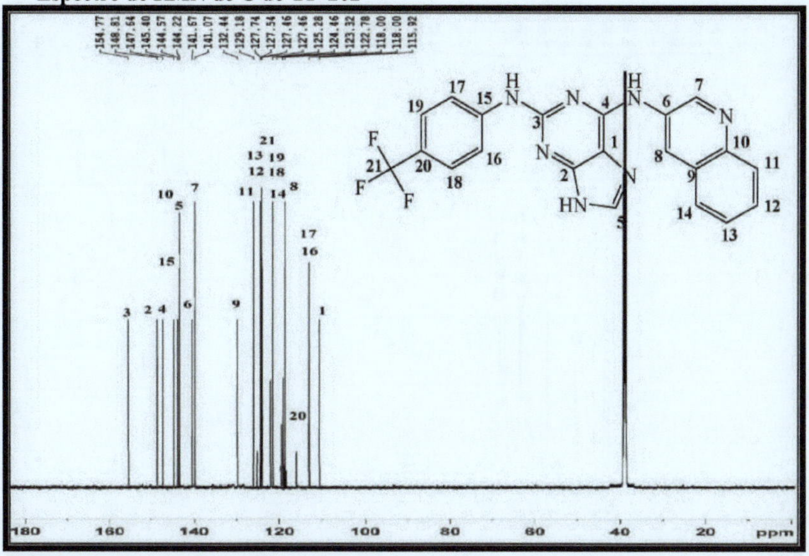

Espectro de infravermelhos do YP-211

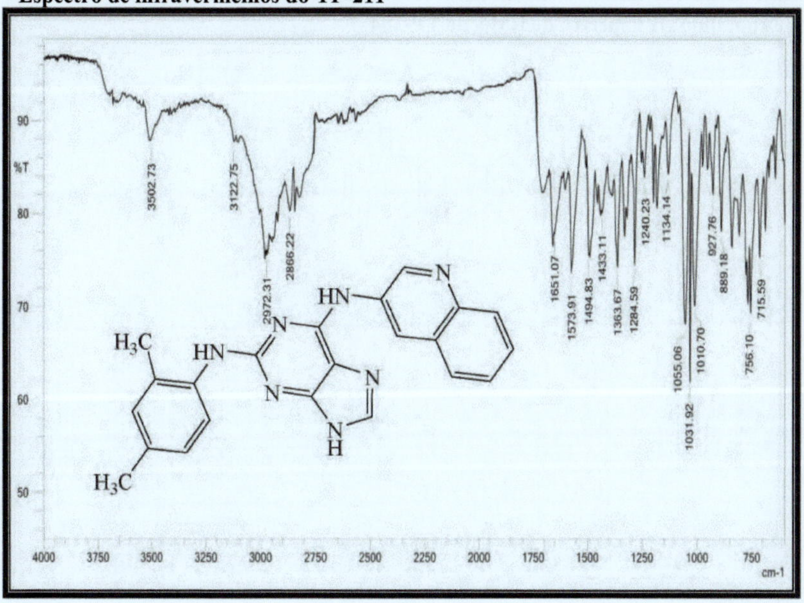

[1]Espectro de RMN de H de YP-204

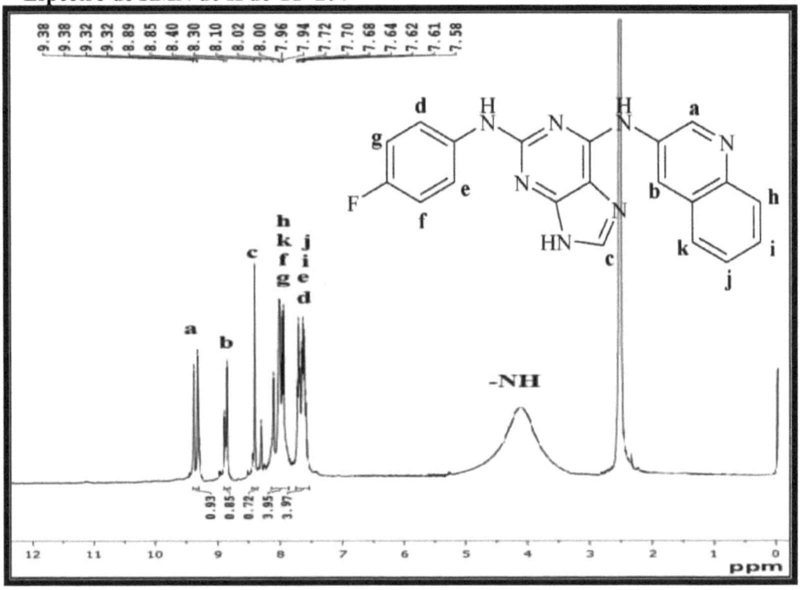

Expandido[1] H Espectro de RMN de YP-204

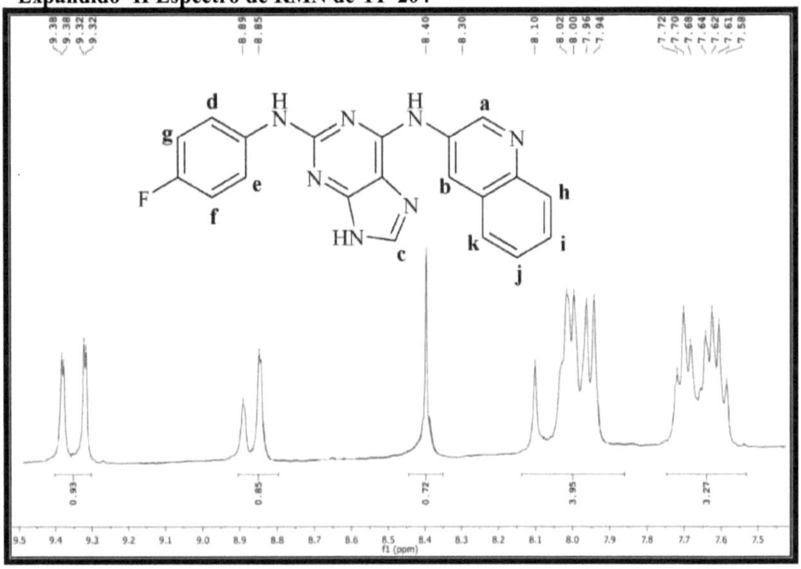

^{13}Espectro de RMN de C de YP-203

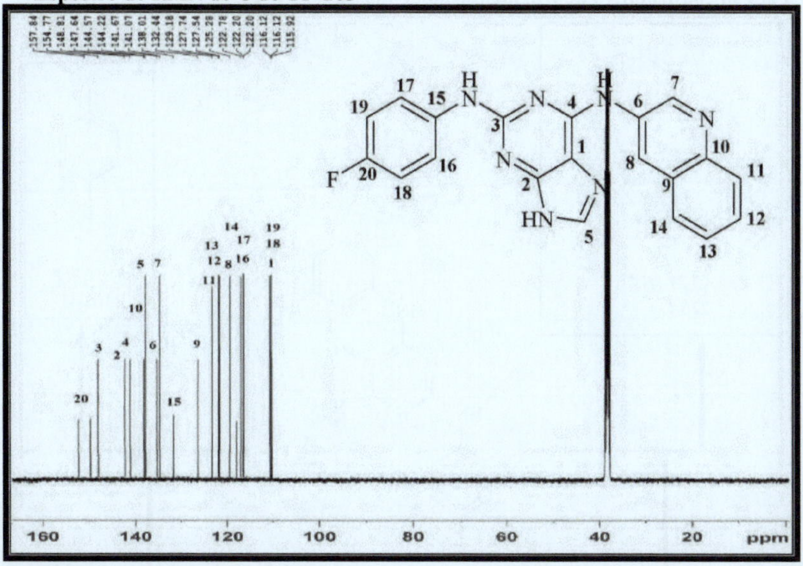

Espectro de massa de YP-205

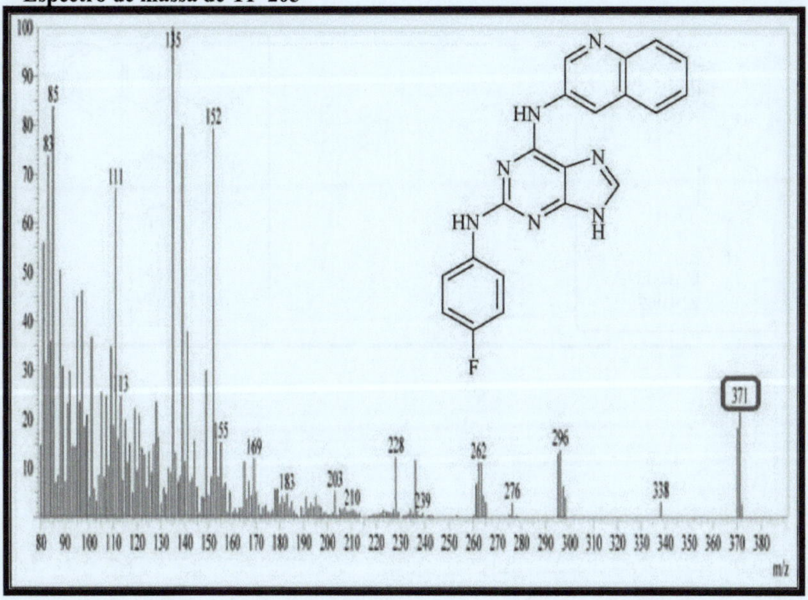

Padrão confirmativo de fragmentação de massa do YP-205

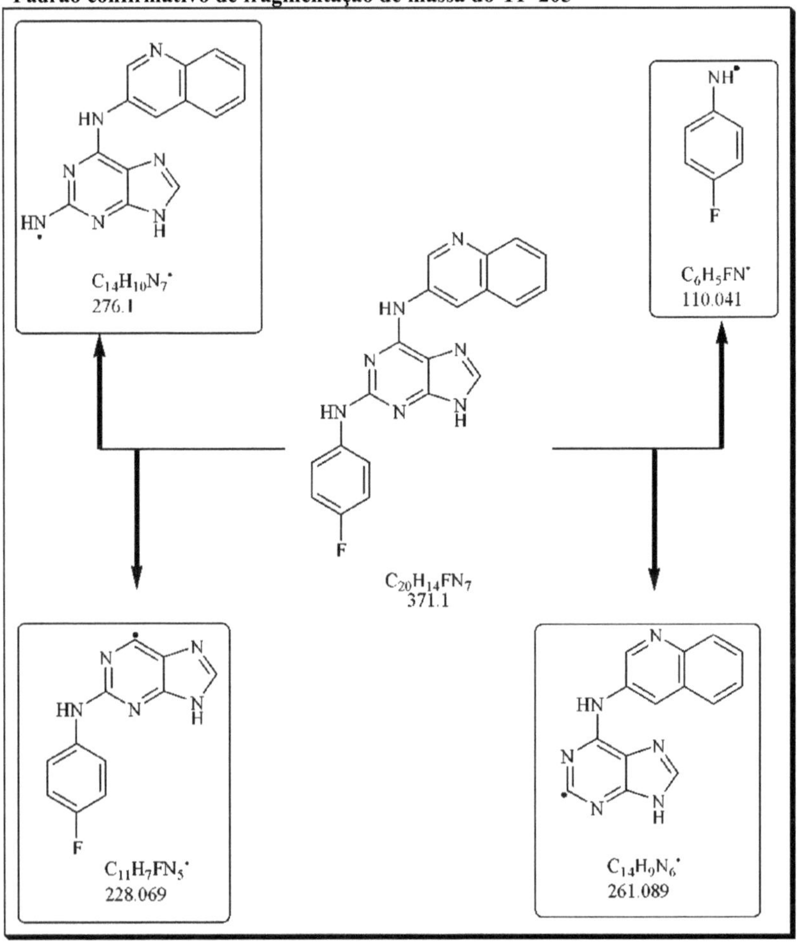

Espectro de infravermelhos de YP-215

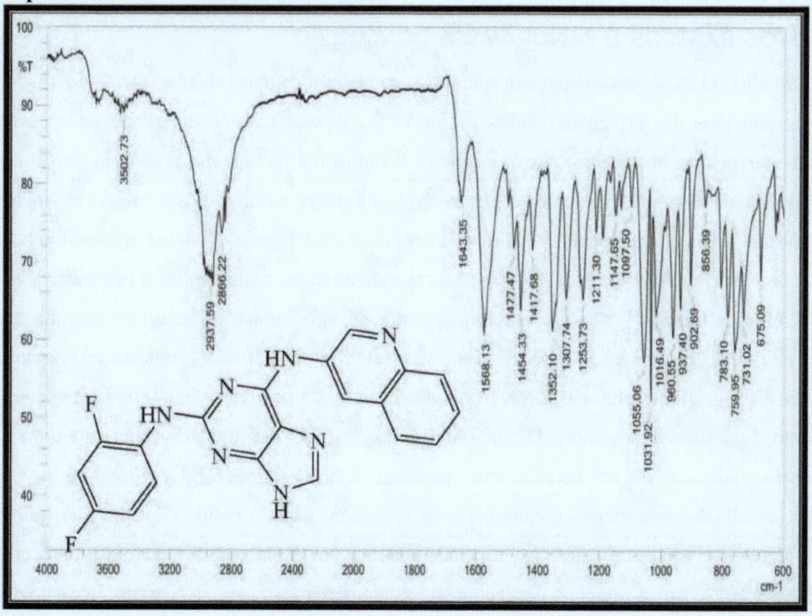

12. RASTREIO ANTI-CANCRO

12.1 FACTOS BÁSICOS E PANORÂMICA DO CANCRO

O cancro tem afligido os nossos antepassados ao longo da história da humanidade, mas só no último século se tornou uma das principais causas de morte[165] . Apesar das inovações em matéria de diagnóstico e terapêutica nos últimos anos, os cancros continuam a ser uma das principais causas de mortalidade em países bem estabelecidos e desenvolvidos. Embora o cancro possa ocorrer em todas as idades, torna-se mais omnipresente à medida que as pessoas envelhecem. A análise epidemiológica revela um aumento dramático da incidência do cancro com a idade, o que explica a prevalência do cancro nos últimos tempos[166, 167] . A esperança média de vida aumentou substancialmente em resultado da eliminação das doenças infecciosas neste século[165] e de um maior progresso no domínio da medicina. Isto resultou numa maior fração de idosos na nossa população e, consequentemente, num aumento da incidência do cancro. O objetivo de uma conquista definitiva do cancro continua a ser uma esperança distante. As células cancerosas parecem-se muito com as células normais, uma vez que o cancro resulta do crescimento descontrolado de células normais. A maioria dos medicamentos atualmente disponíveis para utilização no tratamento do cancro actua contra todas as células em rápida proliferação. Assim, a principal desvantagem das terapias atualmente disponíveis é o facto de matarem não só as células cancerígenas, mas também algumas células normais, sobretudo as que se dividem rapidamente. A eficácia do tratamento é muitas vezes severamente limitada pelos efeitos secundários tóxicos dos medicamentos. O problema fundamental no tratamento do cancro é matar seletivamente as células cancerosas sem efeitos secundários hostis para o doente .[165]

Sabe-se que existem muitos factores moleculares comuns da oncogénese; a maioria dos cancros é heterogénea nas suas caraterísticas moleculares, o que leva a desigualdades na resposta às terapias padrão contra o cancro[168] . As tecnologias de sequenciação de elevado rendimento, com a promessa de oferecer um perfil completo da sequência de ADN dos genomas do cancro, apresentam novas oportunidades para compreender as caraterísticas moleculares únicas dos tumores identificados em populações clínicas. O conhecimento das caraterísticas moleculares únicas de um tumor, tal como descritas em pormenor na sua sequência genómica, poderá informar o diagnóstico, o prognóstico e o tratamento, estabelecendo assim uma base para o estudo personalizado em oncologia .[169,170]

12.2 EFEITOS NOS SISTEMAS BIOLÓGICOS DO CORPO HUMANO[171]

O cancro prejudica o organismo quando as células transformadas se dividem de forma incontrolável, formando nódulos ou massas de tecido denominados tumores. Os tumores podem crescer e interferir com a maior parte dos sistemas metabólicos, como os sistemas digestivo, nervoso e circulatório, e podem libertar hormonas que alteram o funcionamento do corpo. Os tumores que permanecem num local e apresentam um crescimento limitado são geralmente considerados benévolos.

Os tumores mais perigosos, ou malignos, formam-se quando ocorrem duas coisas:

1. Uma célula cancerosa consegue deslocar-se por todo o corpo através do sangue ou da sistemas linfáticos, destruindo tecidos saudáveis num processo chamado invasão
2. Essa célula consegue dividir-se e crescer, criando novos vasos sanguíneos para se alimentar um processo chamado angiogénese.

Quando um tumor se espalha com sucesso para outras partes do corpo e cresce, invadindo e destruindo outros tecidos saudáveis, diz-se que sofreu uma metástase. Este processo é designado por metástase e o resultado é uma doença grave e muito difícil de tratar.

De acordo com a American Cancer Society, o cancro é a segunda causa de morte mais comum nos EUA e é responsável por quase 1 em cada 4 mortes. A Organização Mundial de Saúde estima que, a nível mundial, se registaram 4 milhões de novos casos de cancro e 8,2 milhões de mortes relacionadas com o cancro em 2012.

12.3 FACTOS RÁPIDOS SOBRE O CANCRO[31]

Eis alguns pontos-chave sobre o cancro, que surpreenderam a propagação mundial desta doença descontrolada.

-Mais de 575.000 pessoas morrem de cancro e mais de 1,5 milhões de pessoas são diagnosticados com cancro por ano nos EUA.

-O cancro é considerado uma das principais causas de morbilidade e mortalidade a nível mundial.

-I- Os custos financeiros anuais do cancro nos Estados Unidos estão estimados em 263,8 mil milhões de dólares em custos médicos e perda de produtividade.

-I- Os afro-americanos têm mais probabilidades de morrer de cancro do que as pessoas de qualquer outra raça ou etnia.

-Acredita-se que o risco de cancro pode ser reduzido evitando o tabaco, limitando o consumo de álcool limitando a exposição aos raios UV do sol e das camas de bronzeamento, mantendo uma dieta saudável, um nível de aptidão física e procurando cuidados médicos regulares.

-O I-Screening pode localizar cancros do colo do útero, colorrectais e da mama numa fase precoce e tratável palco.

-A vacina I-A , como a vacina contra o papilomavírus humano (HPV), ajuda a prevenir alguns cancros do colo do útero, da vagina, da vulva e da boca. A vacina contra a hepatite B pode reduzir o risco de cancro do fígado.

-I- De acordo com a Organização Mundial de Saúde (OMS), o número de novos casos de cancro prevê-se um aumento de cerca de 70% nos próximos 20 anos.

-I- Os locais mais comuns de cancro nos homens são o pulmão, a próstata, o cólon e o reto, estômago e fígado.

12.4 FACTORES QUE PROVOCAM O CANCRO

O cancro é, em última análise, o resultado de células que crescem incontrolavelmente e não morrem, mesmo nas piores condições. As células normais do corpo seguem um caminho ordenado de crescimento, divisão e, finalmente, causam a morte. A morte celular programada chama-se apoptose e, quando este processo é interrompido, o cancro começa a formar-se. Ao contrário das células normais, as células cancerosas não sofrem a morte programada e, em vez disso, continuam a crescer e a dividir-se. Isto leva a uma massa de células anormais que cresce fora de controlo .[172 - 175]

O principal fator responsável pelo cancro é a idade, o consumo de álcool, a obesidade, a má alimentação, o consumo de tabaco, a falta de exercício físico e a exposição prolongada à luz solar, sendo a maioria dos cancros mais comuns em pessoas mais velhas do que em pessoas mais jovens em todo o mundo .[177 - 185]

Fazer algumas mudanças simples no seu estilo de vida pode reduzir significativamente o risco de desenvolver cancro. Fazer uma dieta saudável, praticar exercício físico regularmente e evitar fumar ajudam a diminuir o risco de contrair cancro e outras doenças graves .[186 - 191]

12.5 SINTOMAS DO CANCRO

Os sintomas do cancro são muito variados e dependem da localização do cancro, da sua propagação e da dimensão do tumor. Alguns cancros podem ser sentidos ou vistos através da pele - um caroço no peito ou no testículo pode ser um indicador de cancro nesses locais. O cancro da pele (melanoma) é frequentemente detectado por uma alteração numa verruga ou sinal na pele. Alguns cancros orais apresentam manchas brancas no interior da boca ou manchas brancas na língua .[192]

Outros cancros têm sintomas que são menos visíveis fisicamente. Alguns tumores cerebrais tendem a apresentar sintomas numa fase inicial da doença, uma vez que afectam funções cognitivas importantes[193] . Os cancros do pâncreas são normalmente demasiado pequenos para causarem sintomas até provocarem dor ao pressionarem os nervos próximos ou interferirem com a função hepática, causando um amarelecimento da pele e dos olhos chamado iterícia. Os sintomas também podem surgir à medida que o tumor cresce e empurra os órgãos e os vasos sanguíneos. Por exemplo, os cancros do cólon provocam sintomas como obstipação, diarreia e alterações no tamanho das fezes[194] . Os cancros da bexiga ou da próstata provocam alterações no funcionamento da bexiga, como micção mais frequente ou pouco frequente .[195]

Como as células cancerígenas utilizam a energia do organismo e interferem com o funcionamento normal das hormonas, é possível apresentar sintomas como febre, fadiga, transpiração excessiva, anemia e perda de peso inexplicável. No entanto, estes sintomas também são comuns em várias outras doenças. Por exemplo, a tosse e a rouquidão podem indicar cancro do pulmão ou da garganta, bem como várias outras doenças .[196]

Quando o cancro se espalha, ou metastatiza, podem surgir sintomas adicionais na nova área afetada. Os gânglios linfáticos inchados ou aumentados são comuns e é provável que estejam presentes quando o cancro começa a espalhar-se .[193]

Se o cancro se espalhar para o cérebro, os doentes podem ter vertigens, dores de cabeça ou convulsões. A disseminação para os pulmões pode causar tosse e falta de ar. Além disso, o fígado pode aumentar de tamanho e causar iterícia e os ossos podem tornar-se dolorosos, quebradiços e partir-se facilmente. Os sintomas de metástases dependem, em última análise, do local para onde o cancro se espalhou .[193]

12.6 TRATAMENTO

A escolha do tratamento do cancro é influenciada por vários factores, incluindo as caraterísticas específicas do seu cancro; o seu estado geral; e se o objetivo do tratamento é curar o cancro, evitar que o cancro se espalhe ou aliviar os sintomas causados pelo cancro. Em função destes factores, pode receber um ou mais dos seguintes tratamentos

Podem ser utilizadas uma ou mais modalidades de tratamento para proporcionar ao doente o tratamento mais eficaz. Cada vez mais, é comum utilizar várias modalidades de tratamento em conjunto (concomitantemente) ou em sequência com o objetivo de prevenir a recorrência. Este tratamento é designado por tratamento multimodal do cancro.

- **Cirurgia**[197]

A cirurgia é utilizada para diagnosticar o cancro, determinar o seu estado e tratar o cancro. Um tipo comum de cirurgia que pode ser utilizado para ajudar a diagnosticar o cancro é a biopsia. A biopsia consiste na recolha de uma amostra de tecido do cancro suspeito para ser examinada por um especialista num laboratório. A biopsia é frequentemente efectuada no consultório do médico ou num centro de cirurgia de ambulatório. Uma biópsia positiva indica a presença de cancro; uma biópsia negativa pode indicar que não existe cancro na amostra.

Quando a cirurgia é utilizada para o tratamento, o cancro e algum tecido adjacente ao cancro são normalmente removidos. Para além de proporcionar um tratamento local do cancro, a informação obtida durante a cirurgia é útil para prever a probabilidade de recorrência do cancro e se serão necessárias outras modalidades de tratamento.

❖ Quimioterapia[197,198]

A quimioterapia é qualquer tratamento que envolva a utilização de medicamentos para matar as células cancerígenas. A quimioterapia para o cancro pode consistir em medicamentos individuais ou combinações de medicamentos e pode ser administrada através de uma veia, injectada numa cavidade corporal ou administrada por via oral sob a forma de um comprimido. A quimioterapia é diferente da cirurgia ou da radioterapia na medida em que os medicamentos que combatem o cancro circulam no sangue para partes do corpo onde o cancro se pode ter espalhado e podem matar ou eliminar células cancerígenas em locais muito distantes do cancro original. Por isso, a quimioterapia é considerada um tratamento sistémico.

Mais de metade de todas as pessoas diagnosticadas com cancro recebem quimioterapia. Para milhões de pessoas que têm cancros que respondem bem à quimioterapia, esta abordagem ajuda a tratar o cancro de forma eficaz, permitindo-lhes desfrutar de uma vida plena e produtiva. Além disso, muitos dos efeitos secundários anteriormente associados à quimioterapia são agora facilmente evitados ou controlados, permitindo a muitas pessoas trabalhar, viajar e participar em muitas das suas outras actividades normais enquanto recebem quimioterapia.

❖ Radioterapia[199-201]

A radioterapia, ou radioterapia, utiliza raios de alta energia para danificar ou matar as células cancerígenas, impedindo-as de crescer e de se dividirem. Tal como a cirurgia, a radioterapia é um tratamento local utilizado para eliminar ou erradicar tumores visíveis. A radioterapia não é normalmente útil para erradicar células cancerígenas que já se tenham espalhado para outras partes do corpo. A radioterapia pode ser efectuada por via externa ou interna. A radiação externa aplica raios de alta energia diretamente no local do tumor a partir de uma máquina exterior ao corpo. A radiação interna, ou braquiterapia, envolve a implantação de uma pequena quantidade de material radioativo dentro ou perto do cancro. A radiação pode ser utilizada para curar ou controlar o cancro, ou para aliviar alguns dos sintomas causados pelo cancro. Por vezes, a radiação é utilizada com outros tipos de tratamento do cancro, como a quimioterapia e a cirurgia, e por vezes é utilizada isoladamente.

❖ Terapia hormonal[202,203]

As hormonas são substâncias que ocorrem naturalmente no organismo e que estimulam o crescimento de tecidos sensíveis às hormonas, como a mama ou a próstata. Quando o cancro surge no tecido da mama ou da próstata, o seu crescimento e disseminação podem ser causados pelas próprias hormonas do organismo. Por isso, os medicamentos que bloqueiam a produção de hormonas ou alteram a forma como as hormonas funcionam, e/ou a remoção de órgãos que segregam hormonas, como os ovários ou os testículos, são formas de combater o cancro. A terapia hormonal, semelhante à quimioterapia, é um tratamento sistémico, na medida em que pode afetar as células cancerígenas em todo o corpo.

Terapia direcionada[204]

Uma terapia dirigida é uma terapia concebida para tratar apenas as células cancerígenas e minimizar os danos nas células normais e saudáveis. Os tratamentos contra o cancro que "visam" as células cancerígenas podem oferecer a vantagem de reduzir os efeitos secundários relacionados com o tratamento e melhorar os resultados.

Os tratamentos convencionais contra o cancro, como a quimioterapia e a radioterapia, não conseguem distinguir entre as células cancerígenas e as células saudáveis. Consequentemente, as células saudáveis são normalmente danificadas no processo de tratamento do cancro, o que resulta em efeitos secundários. A quimioterapia danifica as células que se dividem rapidamente, uma caraterística marcante das células cancerígenas. No processo, as células saudáveis que também se dividem rapidamente, como as células sanguíneas e as células que revestem a boca e o trato gastrointestinal, também são danificadas. A radioterapia mata algumas células saudáveis que se encontram no caminho da radiação ou perto do cancro a ser tratado. As técnicas mais recentes de radioterapia podem reduzir, mas não eliminar, estes danos. Os danos nas células saudáveis relacionados com o tratamento levam a complicações do tratamento, ou efeitos secundários. Estes efeitos secundários podem ser graves, reduzindo a qualidade de vida do doente, comprometendo a sua capacidade de receber o tratamento completo prescrito e, por vezes, limitando a sua possibilidade de obter um resultado ótimo do tratamento.

❖ **Terapia biológica**[205]

A terapia biológica é designada por vários termos, incluindo terapia imunológica, imunoterapia ou bioterapia. A terapia biológica é um tipo de tratamento que utiliza o sistema imunitário do organismo para facilitar a morte das células cancerígenas. Os tipos de terapia biológica incluem interferão, interleucina, anticorpos monoclonais, factores estimuladores de colónias (citocinas) e vacinas.

❖ **Cuidados personalizados contra o cancro**[206, 207]

Já não existe uma abordagem única para o tratamento do cancro. Mesmo entre doentes com o mesmo tipo de cancro, o comportamento do cancro e a sua resposta ao tratamento podem variar muito. Ao explorar as razões desta variação, os investigadores começaram a preparar o caminho para um tratamento mais personalizado do cancro. É cada vez mais claro que as caraterísticas específicas das células cancerosas e dos doentes com cancro podem ter um impacto profundo no prognóstico e no resultado do tratamento. Embora o facto de ter em conta estas caraterísticas nas decisões de tratamento torne os cuidados oncológicos mais complexos, também oferece a promessa de melhores resultados.

A ideia de adequar um determinado tratamento a um determinado doente não é nova. Há muito que se reconhece, por exemplo, que a terapia hormonal para o cancro da mama tem mais probabilidades de ser eficaz quando o cancro da mama contém receptores de estrogénio e/ou progesterona. A pesquisa destes receptores faz parte da avaliação clínica padrão do cancro da mama. O que é novo, no entanto, é o ritmo a que os investigadores estão a identificar novos marcadores tumorais, novos testes e novos e mais direcionados medicamentos que individualizam o tratamento do cancro.

Existem atualmente testes que podem avaliar a probabilidade de recorrência do cancro, a probabilidade de resposta a determinados medicamentos e a presença de alvos específicos do cancro que podem ser atacados por novos medicamentos anticancerígenos que visam diretamente as células cancerígenas individuais.

12.7 OBJECTIVO DO PRESENTE ESTUDO

O objetivo geral deste estudo foi desenvolver e testar a potência e a seletividade de motivos sintetizados que incorporam carboxamida contendo vários scaffolds e validaram os seus ligandos-alvo contra um painel de 60 linhas celulares diferentes que diferem na sua expressão dos receptores/antigénios correspondentes para estes ligandos sintetizados específicos.

12.8 ENSAIO DE ACTIVIDADE, RESULTADOS E DISCUSSÃO

12.8.1 Local de estudo

A avaliação anticancerígena foi efectuada no Instituto Nacional de Saúde (NCI/NIH) no âmbito do programa terapêutico de desenvolvimento (DTP) em Bethesda, EUA. Os exames DTP incluem o exame de diferentes linhas celulares NCI-60 e, conforme apropriado, o ensaio de fibra oca e modelos relevantes de xenoenxertos de tumores humanos e de tumores de roedores.

12.8.2 Material e método

12.8.2.1 Processo de seleção

O rastreio é um processo de duas fases, começando com a avaliação de todos os compostos contra as 60 linhas celulares numa dose única de 10 μM. O resultado do rastreio de dose única é apresentado como um gráfico médio e está disponível para análise pelo programa COMPARE. Os compostos que exibem uma inibição significativa do crescimento são avaliados contra o painel de 60 células em cinco níveis de concentração.

12.8.2.2 Metodologia do rastreio do cancro *in vitro*

A metodologia de rastreio é descrita em pormenor em: http://dtp.nci.nih.gov/branches/btb/ivclsp.html. Em resumo, as linhas de células tumorais humanas do painel de rastreio do cancro são cultivadas em meio RPMI 1640 contendo 5% de soro fetal bovino e 2 mM de L-glutamina. Para uma experiência de rastreio típica, as células são inoculadas em placas de microtitulação de 96 poços em 100 µL a densidades de plaqueamento que variam entre 5.000 e 40.000 células/poço, dependendo do tempo de duplicação das linhas celulares individuais. Após a inoculação das células, as placas de microtítulo são incubadas a 37 °C, 5 % de CO_2, 95 % de ar e 100 % de humidade relativa durante 24 h antes da adição dos fármacos experimentais.

Após 24 h, duas placas de cada linha celular são fixadas *in situ* com TCA, para representar uma medição da população celular de cada linha celular no momento da dependência da droga (Tz). Os fármacos experimentais são solubilizados em dimetilsulfóxido a 400 vezes a concentração final máxima desejada para o ensaio e armazenados congelados antes da utilização. No momento da adição do fármaco, uma alíquota do concentrado congelado é descongelada e diluída até ao dobro da concentração máxima final pretendida para o ensaio com meio completo contendo 50 µg/ml de gentamicina. São feitas diluições seriadas adicionais de quatro, 10 vezes ou ½ log para fornecer um total de cinco concentrações de fármaco mais o controlo. São adicionadas alíquotas de 100 µĩ destas diferentes diluições do fármaco aos poços de microtitulação apropriados que já contêm 100 µl de meio, resultando nas concentrações finais necessárias do fármaco.

Após a adição do fármaco, as placas são incubadas durante mais 48 h a 37 °C, 5 % de CO_2, 95 % de ar e 100 % de humidade relativa. Para células aderentes, o ensaio é terminado pela adição de TCA frio. As células são fixadas in situ através da adição suave de 50 µl de TCA frio a 50% (p/v) (concentração final, 10% de TCA) e incubadas durante 60 minutos a 4 °C. Eliminar o sobrenadante e lavar as placas cinco vezes com água da torneira e secar ao ar. Adicionar a cada alvéolo uma solução de sulforhodamina B (SRB) (100 µl) a 0,4 % (p/v) em ácido acético a 1 % e incubar as placas durante 10 minutos à temperatura ambiente. Após a coloração, o corante não ligado é removido por lavagem cinco vezes com ácido acético a 1 % e as placas são secas ao ar. O corante ligado é subsequentemente solubilizado com base de trizma 10 mM e a absorvância é lida num leitor de placas automatizado a um comprimento de onda de 515 nm. Para as células em suspensão, a metodologia é a mesma, exceto que o ensaio é terminado fixando as células sedimentadas no fundo dos poços, adicionando suavemente 50 µl de TCA a 80 % (concentração final, TCA a 16 %). Utilizando as sete medições de absorvância [tempo zero, (Tz), crescimento de controlo, (C), e crescimento de ensaio na presença do fármaco nos cinco níveis de concentração (Ti)], calcula-se a percentagem de crescimento em cada um dos níveis de concentração do fármaco. São calculados três parâmetros de resposta à dose para cada agente experimental. A inibição do crescimento de 50% (GI_{50}) é calculada a partir de [(Ti-Tz)/(C-Tz)] x 100 = 50, que é a concentração do fármaco que resulta numa redução de 50% do aumento líquido de proteínas (medido pela coloração SRB) nas células de controlo durante a incubação com o fármaco. A concentração de fármaco que resulta na inibição total do crescimento (TGI) é calculada a partir de Ti = Tz. A CL_{50} (concentração de fármaco que resulta numa redução de 50% da proteína medida no final do tratamento com o fármaco em comparação com a do início), indicando uma perda líquida de células após o tratamento, é calculada a partir de [(Ti-Tz)/Tz] x 100 = -50. Os valores são calculados para cada um destes três parâmetros se o nível de atividade for atingido; no entanto, se o efeito não for atingido ou for ultrapassado, o valor para esse parâmetro é expresso como maior ou menor do que a concentração máxima ou mínima testada.

Figura 4: Atividade antitumoral como gráficos médios dos valores $_{GI50}$ contra o painel de linhas celulares NCI-60 para os compostos **YP-201**.

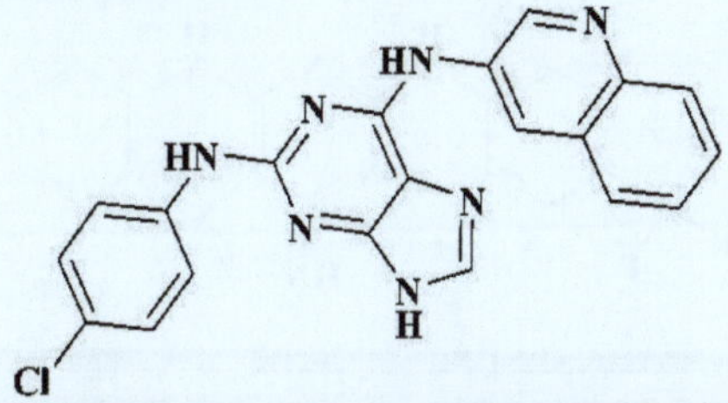

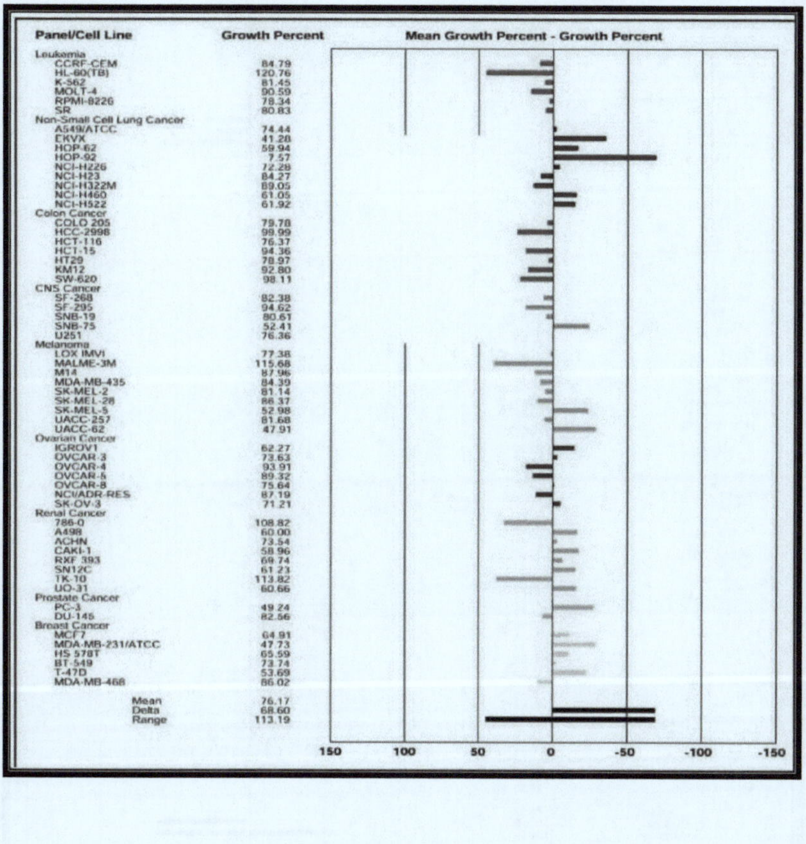

Figura 5: Atividade antitumoral como gráficos médios dos valores GI50 contra o painel de linhas celulares NCI-60 para os compostos **YP-202**.

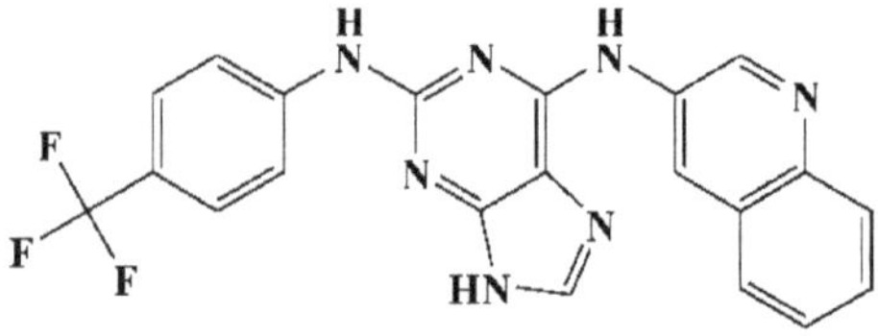

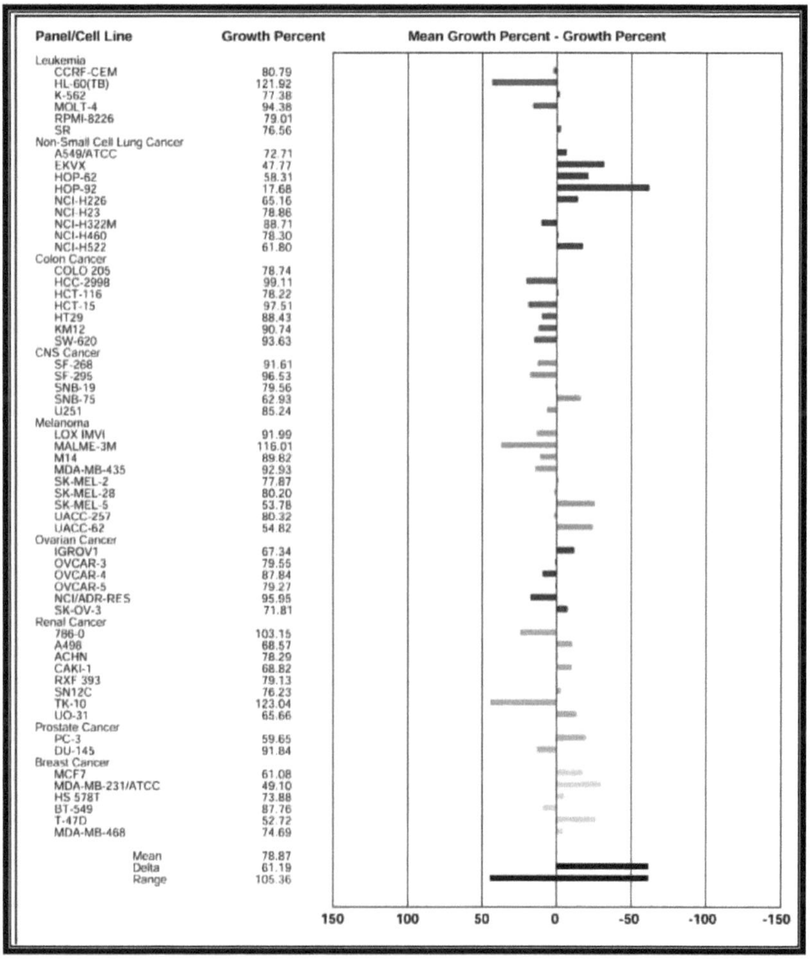

Figura 6: Atividade antitumoral como gráficos médios dos valores GI50 contra o painel de linhas celulares NCI-60 para os compostos **YP-203**.

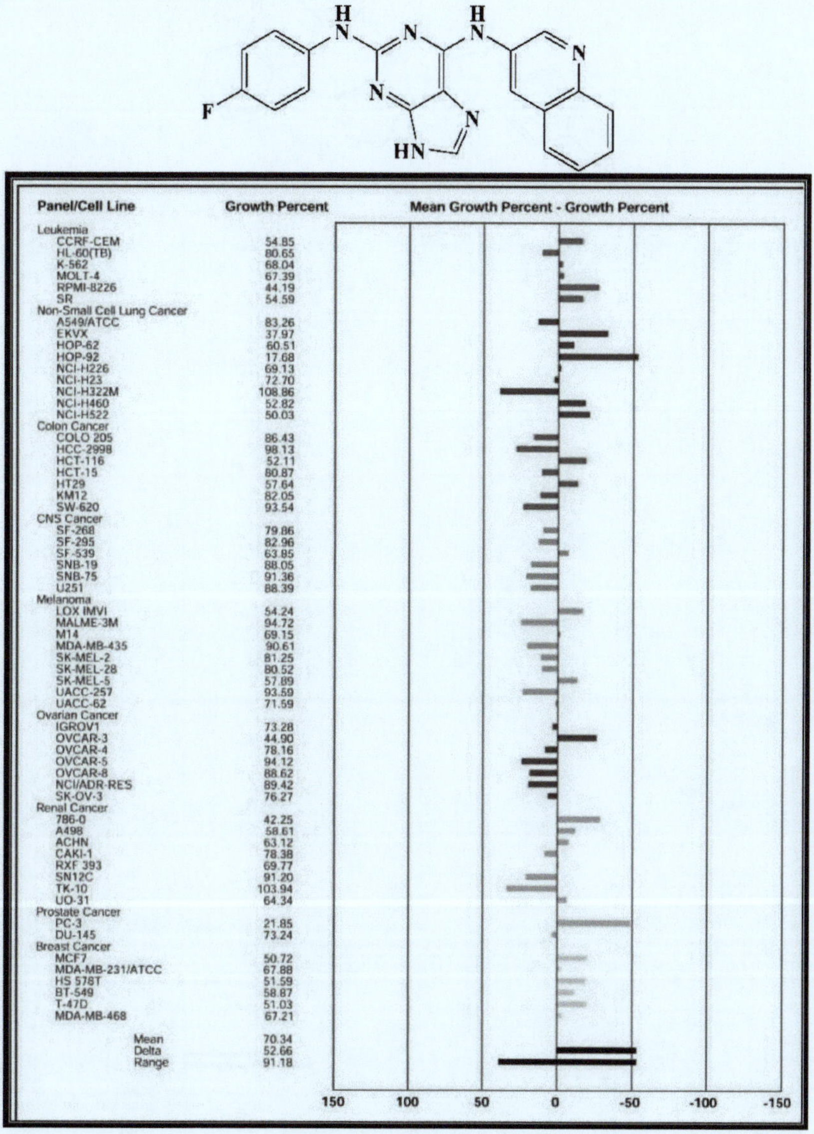

Figura 7: Atividade antitumoral como gráficos médios dos valores GI50 contra o painel de linhas celulares NCI-60 para os compostos **YP-204**.

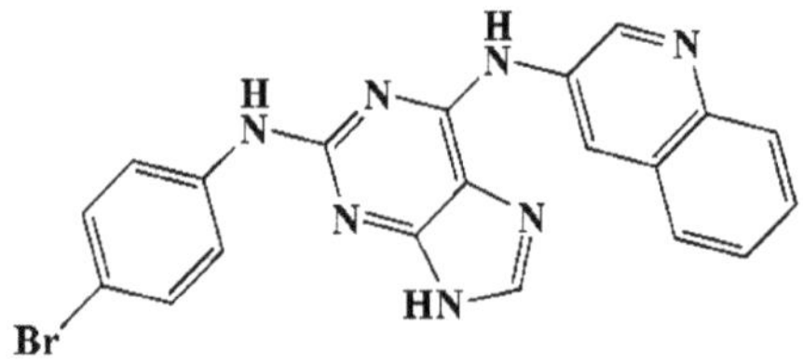

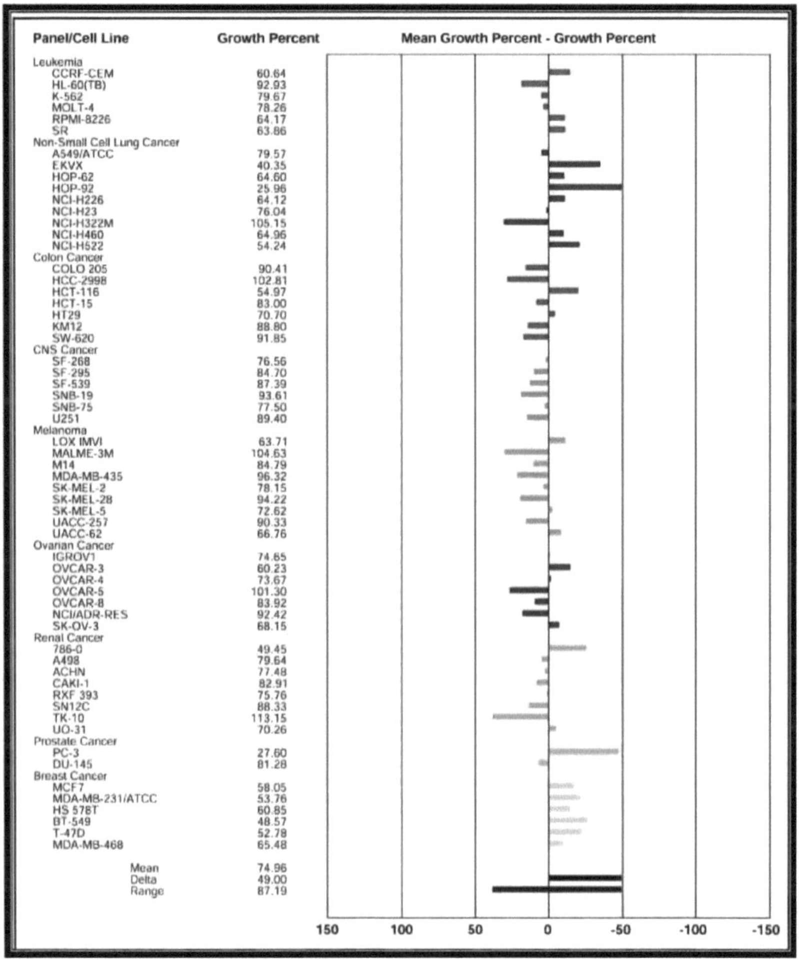

Figura 8: Atividade antitumoral como gráficos médios dos valores GI50 contra o painel de linhas celulares NCI-60 para os compostos **YP-206**.

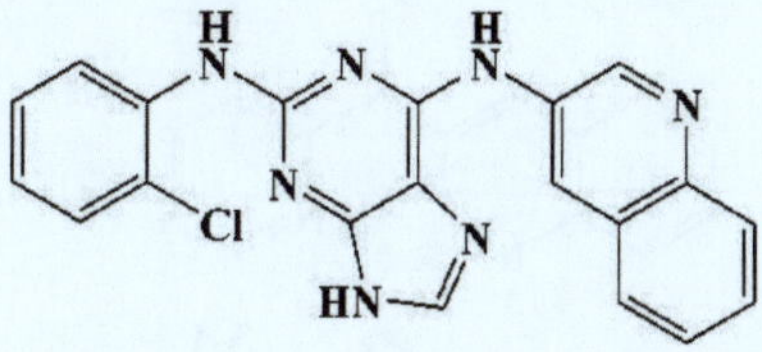

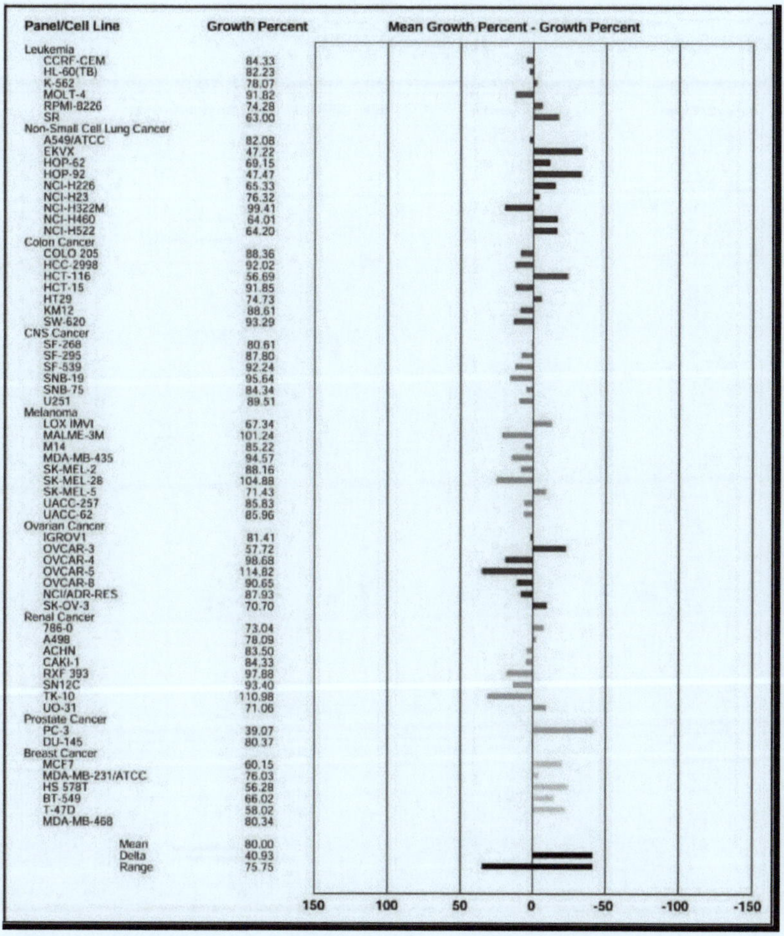

Figura 9: Atividade antitumoral como gráficos médios dos valores GI50 contra o painel de linhas celulares NCI-60 para os compostos **YP-207**.

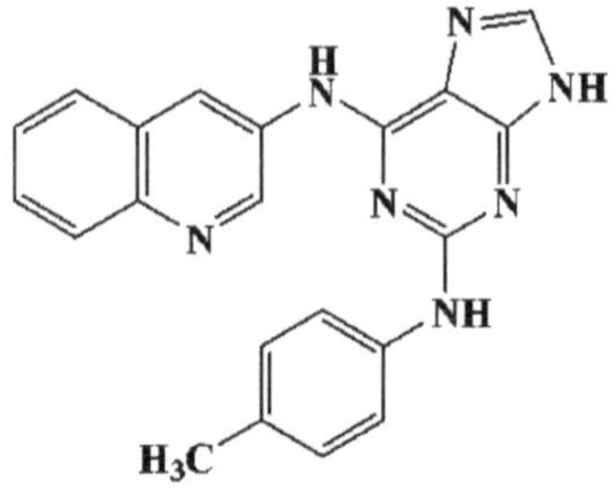

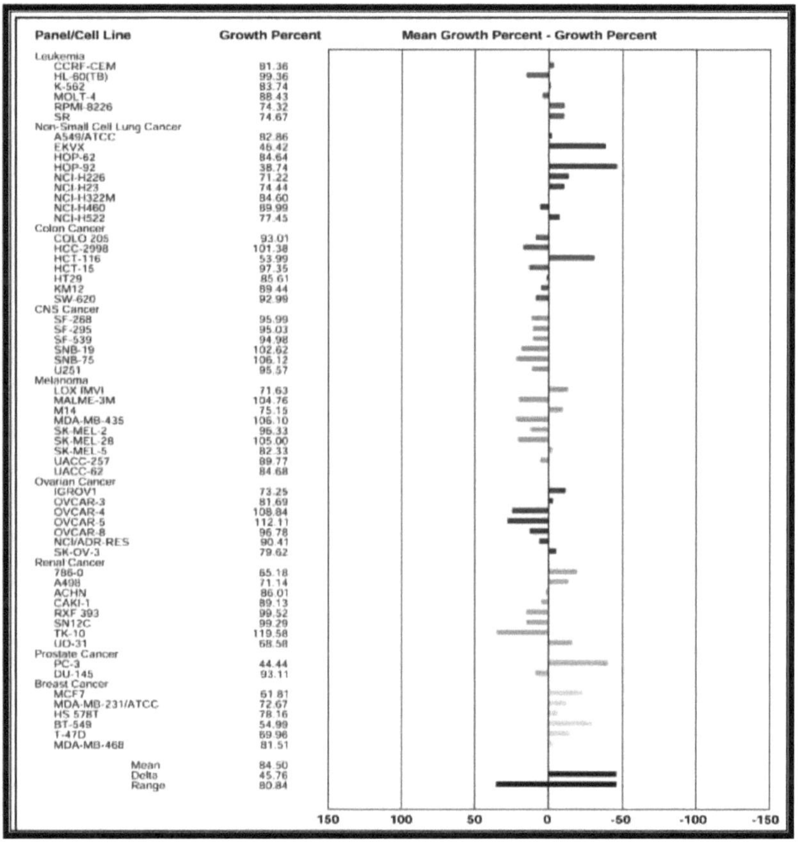

Figura 10: Atividade antitumoral como gráficos médios dos valores GI50 contra o painel de linhas celulares NCI-60 para os compostos **YP-208**.

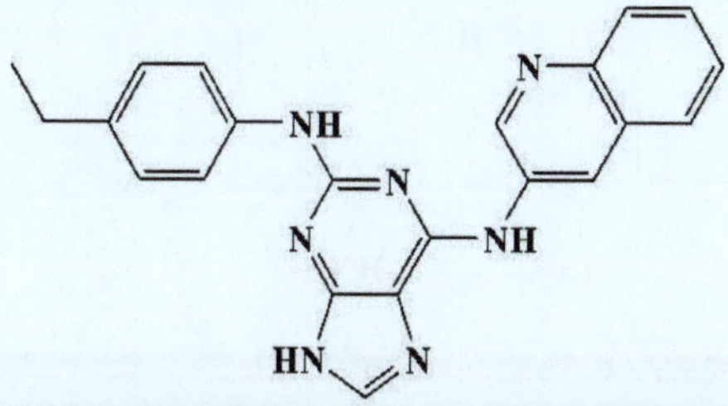

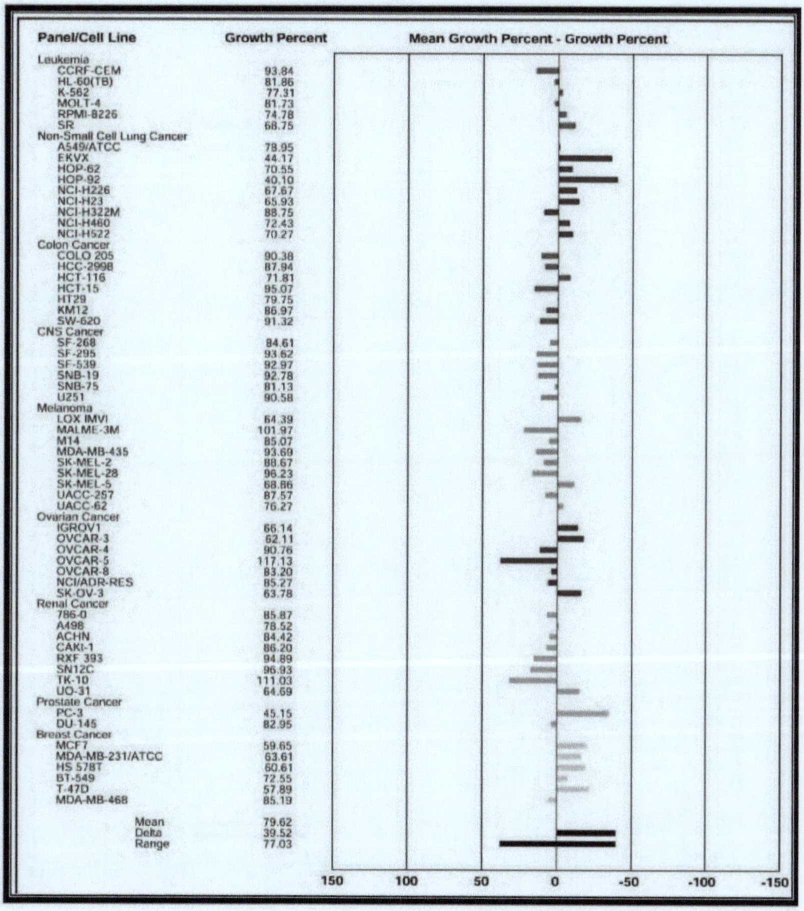

Figura 11: Atividade antitumoral como gráficos médios dos valores GI50 contra o painel de linhas celulares NCI-60 para os compostos **YP-210**.

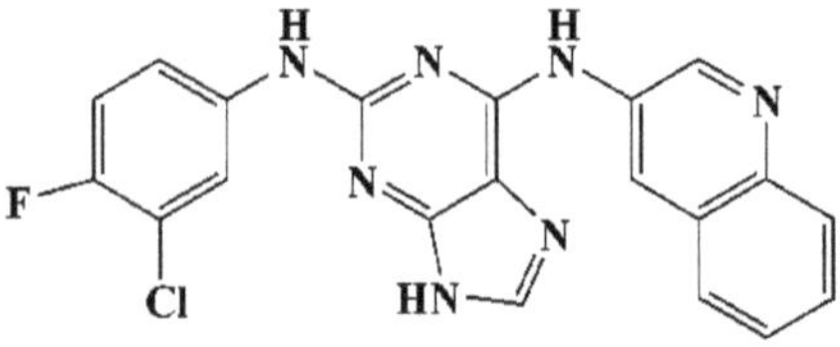

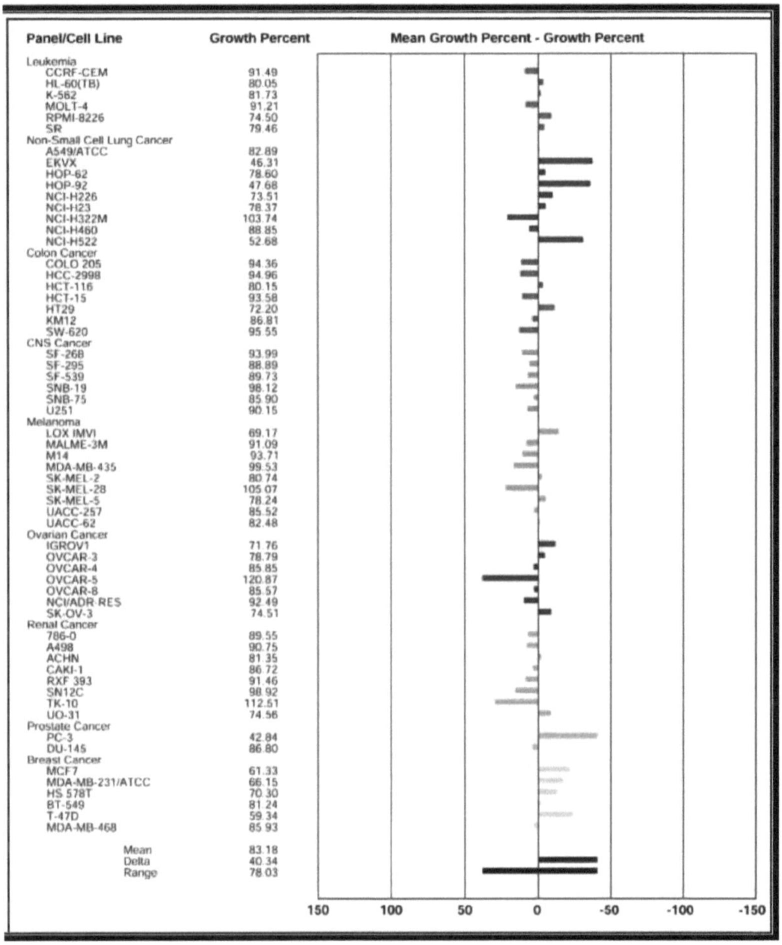

Figura 12: Atividade antitumoral como gráficos médios dos valores GI50 contra o painel de linhas celulares NCI-60 para os compostos **YP-211**.

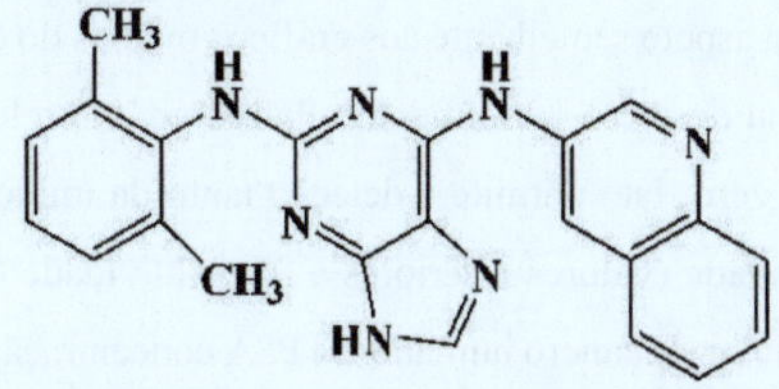

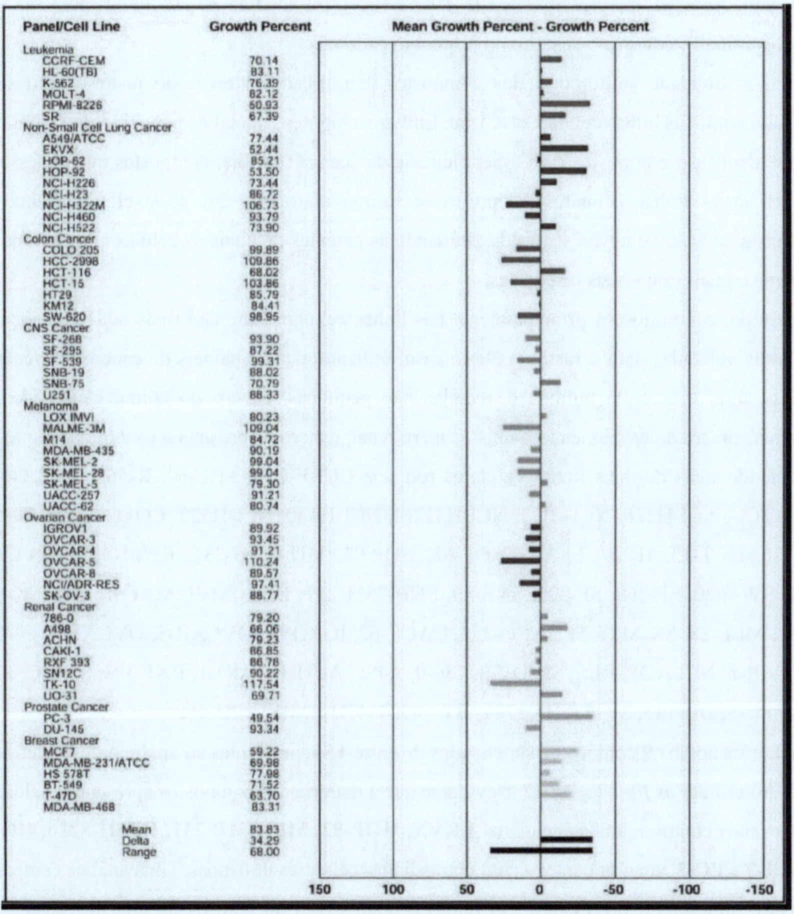

12.2.3 Ensaio de atividade *in vitro* dos compostos sintetizados

Os dados de uma dose serão apresentados como um gráfico médio da percentagem de crescimento das células tratadas e terão um aspeto semelhante aos gráficos médios do ensaio de 5 doses. O número indicado para o ensaio de uma dose é o crescimento relativo ao controlo sem fármaco e relativo ao número de células no tempo zero. Isto permite a deteção tanto da inibição do crescimento (valores entre 0 e 100) como da letalidade (valores inferiores a 0). A atividade do fármaco foi determinada através da análise da linha celular de cancro humano DTP. A concentração de agentes necessária para causar uma inibição do crescimento de 50 % (GI50) foi medida às 48 horas pelo ensaio da sulforhodamina B, conforme descrito no protocolo padrão.

Melhorar a atividade antitumoral dos compostos identificados através do rastreio num suporte sintetizado contra as linhas celulares NCI-60. Embora a hipótese inicial de conceção do rastreio NCI-60 fosse identificar compostos com especificidade de doença (ou seja, compostos que pudessem ser alvos de várias linhas celulares), depressa se tornou claro que era possível obter uma visão mecanicista da ação de novos scaffolds estudando as patentes de quais as células que respondiam a um agente e quais eram mais resistentes.

Neste estudo, centrámo-nos principalmente nas linhas celulares que dão mais GI50 em comparação com outras utilizadas para o rastreio. Neste caso, utilizamos nove painéis de cancro diferentes (ou seja, leucemia, cancro do pulmão de células não pequenas, cancro do cólon, cancro do SNC, melanoma, cancro do ovário, cancro renal, cancro renal, cancro da próstata e cancro da mama), cada um contendo mais de duas linhas celulares (ou seja CCRF-CEM, HL-60, K-562, MOLT-4, SR, A549/ATCC, NCI-H226, NCI- H23, NCI-H322M, NCI-H460, NCI-H522, COLO 205, HCC-2998, HCT-116, HCT-15, HT29, EKVX, HOP-62, HOP-92, MDA-MB-231, RPMI-8226, OVCAR-3, KM12, SW- 620, SF-268, SF-295, SNB-19, SNB-75, U251, LOX IMVI, MALME-3M, SK-MEL-435, SK-MEL-28, SK-MEL-5, UACC-257, UACC-62, IGROV1, OVCAR-3, OVCAR-4, OVCAR-5, OVCAR-8, NCI/ADR-RES, SK-OV-3, 786-0, A498, ACHN, CAKI-1, RXF 393, SN12C, TK-10, UO-31, PC-3, DU-145, MCF7, HS 578T, BT-549, T-47D e MDA-MB-468).

Avaliámos os nossos **9** compostos sintetizados de entre **15** semelhantes ao análogo do nucleósido de purina. Ao estudar ***as figuras 4 a 12***, é evidente que a maioria dos compostos apresentou valores GI50 mais elevados contra as linhas celulares **EKVX, HOP-92, MDA-MB-231, RPMI-8226, HOP-92, OVCAR-3 e PC-3**, em comparação com outras linhas celulares utilizadas. Uma análise comparativa do espetro antitumoral do **YP-201** em linhas celulares NCI-60 com os de anticancerígenos bem estudados mostrou que não se encontra na categoria de classes de agentes antitumorais adequadamente estudados, sugerindo que os compostos **YP-201, YP-203 e YP-204** podem ter novos mecanismos anticancerígenos. Os compostos **YP- 201 (HOP-92: GI_{50} = 7,57 µM), YP- 203 (HOP-92: GI_{50} = 17,68 µM) e YP- 204 (HOP-92: GI_{50} = 25,96 µM)** foram mais activos contra linhas celulares de cancro de leucemia. Os 9 compostos descritos também foram activos contra outras linhas celulares, mas podem variar de acordo com a especificidade da estrutura e a variação do grupo funcional. A comparação geral da atividade entre várias linhas celulares desses compostos foi mostrada na ***Figura 13***, que mostra claramente que a maioria dos compostos entre sintetizados, ativos contra **o câncer de próstata (PC-3)** com grau de variação.

ID dos compostos	GI_{50} Valores de diferentes linhas celulares activas					
	EKVX	**HOP-92**	**MDA-MB-231**	**RPMI-8226**	**OVCAR-3**	**PC-3**
YP-201	40	7.57	-	-	-	-
YP-202	47.77	17.68	49.1	-	-	-
YP-203	37.97	17.68	-	44.19	44.9	21.85
YP-204	40.35	25.96	-	-	-	27.9
YP-206	47.22	47.47	-	-	-	39.07
YP-207	46.42	38.84	-	-	-	44.44
YP-208	44.17	40.1	-	-	-	45.15
YP-210	46.31	47.68	-	-	-	42.84
YP-211	-	-	-	50.93	-	49.54

Tabela 2: Valores GI50 mais elevados dos compostos sintetizados

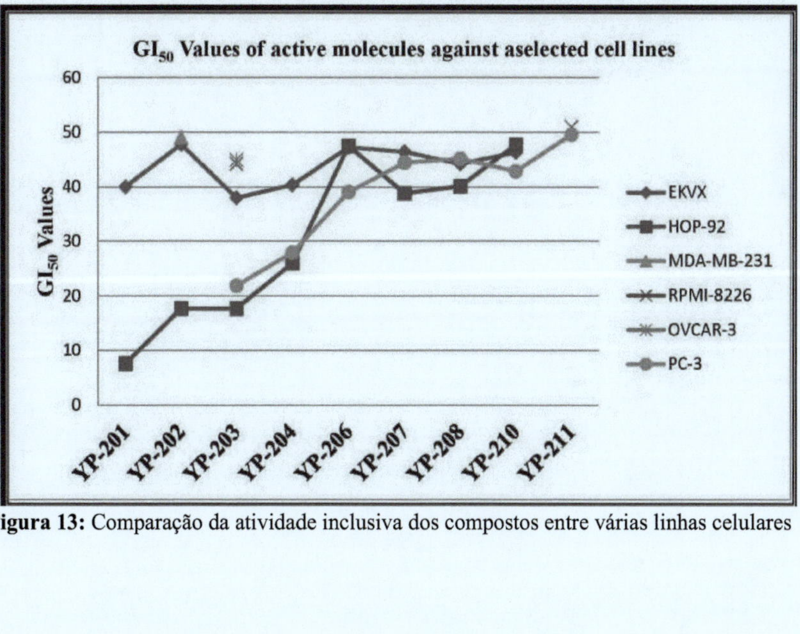

Figura 13: Comparação da atividade inclusiva dos compostos entre várias linhas celulares

13. CONCLUSÃO

Descrevemos o método modificado e mais conveniente para a síntese de ***N*²** **- (fenil substituído)-*N*⁶ -(quinolin-3-il)-*9H-purina-2*,6-diamina** utilizando nucleósido de purina medicinalmente ativo e quinolina substituída por azoto. São utilizadas muitas bases e ácidos para identificar e criar uma via fácil para o acoplamento cloro-amina, de entre os quais o HCl proporciona um melhor rendimento com uma pureza comparativamente elevada. Além disso, a regiosselectividade dos compostos foi confirmada por várias técnicas de RMN, tais como[1] H NMR,[13] C NMR e espetro HMBC.

Foi sintetizada uma nova série de aductos de acoplamento de cloro-amina e avaliada a sua ação anticancerígena nas linhas celulares NCI-60. O gráfico médio dos valores GI50 para os nove compostos sintetizados foi calculado a partir de curvas de resposta à dose. A média de GI50 para cada composto em todas as 60 linhas celulares foi de uma atividade moderada a superior. **Um estudo global mostra que os compostos YP-201 são mais activos contra as linhas celulares HOP-92 do cancro do pulmão, o que está de acordo com a procura de um novo medicamento para a cura do cancro do pulmão.**

14. REFERÊNCIAS

1. Fischer, E., *Chem. Ber.*, **1897**, 30, 1846.
2. Fischer, E., *Chem. Ber.*, **1898**, 31,104.
3. Fischer, E., *Ber. Dtsch.* Chem. Ges., **1898**, 31, 2551.
4. Fischer, E., *Chem. Ber.*, **1899**, 32, 267.
5. Levene, P. A.; Jacobs, W. A., *Chem. Ber.*, **1909**, 42, 2474.
6. Dreyfus, M.; Dodin, G.; Bensaude, O.; Dubois, J. E., *J. Am. Chem. Soc.*, **1975**, 97, 2369.
7. Legraverend, M.; Grierson, D., *Bioorg. Med. Chem.*, **2006**, 14, 3987.
8. Huang, W.; Zhu, X.; Wang, Y.; Azam, M.; Wen, D.; Sundaramoorthi, R.; Thomas, R. M.; Liu, S.; Banda, G.; Lentini, S.; Das, S.; Xu, Q.; Keats, J.; Wang, F.; Wardwell, S.; Ning, Y.; Snodgrass, J.; Broudy, M.; Russian, K.; Daley, G.; Iuliucci, J.; Dalgarno, D.; Clackson, T.; Sawyer, T.; Shakespeare, W., *J. Med. Chem.*, **2009**, 52, 4743.
9. Hauser, D.; Scior, T.; Domeyer, D.; Kammerer, B.; Laufer, S., J. Med. Chem, **2007**, 50, 2060.
10. Newman, D., *J. Med. Chem.*, **2008**, 51, 2589.
11. Reddy, P.; Nair, N.; Smith, M.; Kudo, W., **2012,** PCT Int. Appl. *WO 2012051296A2* 20120419.
12. Green, S.; Frame, S.; Fleming, I., **2008**, PCT Int. Appl. *WO 2008122779A120081016.*
13. Becker, F.; Murthi, K.; Smith, C.; Come, J.; Costa-Roldan, N.; Kaufmann, C.; Hanke, U.; Degenhart, C.; Baumann, S.; Wallner, W.; Huber, A.; Dedier, S.; Dill, S.; Kinsman, D.; Hediger, M.; Bockovich, N.; Meier-Ewert, S.; Kluge, A. F.; Kley, N., *Chem. Biol.* **2004**, 11, 211.
14. Taldone, T.; Chiosis, G., *Curr. Top. Med. Chem.*, **2009**, 9, 1436.
15. Chiosis, G.; Kang, Y.; Sun, W., *Expert Opin. Drug Discov.*, **2008**, 3, 99.
16. Chiosis, G., *Curr. Top. Med. Chem.*, **2006**, 6, 1183.
17. Burnstock, G., *Nat. Rev. Drug Discov.*, **2008**, 7, 575.
18. Koeles, L.; Fuerst, S.; Illes, P., *Curr. Pharm. Des.*, **2007**, 13,2368.
19. Parker, W.; Long, M., *Curr. Pharm. Des.*, **2007**, 13, 599.
20. Ducati, R.; Breda, A.; Basso, L.; Santos, D., *Curr. Med. Chem.*, **2011**,18, 1258.
21. Baldwin, S.; McConkey, G.; Cass, C.; Young, J., *Curr. Pharm. Des.*, **2007**, 13, 569.
22. Cassera, M.; Zhang, Y.; Hazleton, K.; Schramm, V., *Curr. Top. Med. Chem.,* **2011**, 11, 2103.
23. Jacobson, K.; Gao, Z., *Nat. Rev. Drug Discov.*, **2006**, 5, 247.
24. Moro, S.; Gao, Z.; Jacobson, K.; Spalluto, G., *Med. Res. Rev.*, **2006**, 26, 131.

25. Clercq, D., *Med. Res. Rev.*, **2012**, 32,765.

26. Clercq, D., *Curr. Opin. Pharmacol.*, **2010**, 10, 507.

27. Mehellou, Y.; Clercq, D., *J. Med. Chem.*, **2009**, 53, 521.

28. Clercq, D., *Antiviral Res.*, **2007**, 75, 1.

29. Hirota, K.; Kazaoka, K.; Niimoto, I.; Kumihara, H.; Sajiki, H.; Isobe, Y.; Takaku, H.; Tobe, M.; Ogita, H.; Ogino, T.; Ichii, S.; Kurimoto, A.; Kawakami, H., *J. Med. Chem.,* **2002**, 45, 5419.

30. Kurimoto, A.; Ogino, T.; Ichii, S.; Isobe, Y.; Tobe, M.; Ogita, H.; Takaku, H.; Sajiki, H.; Hirota, K., *Bioorg. Med. Chem.*, **2003**, 11, 5501.

31. Kurimoto, A.; Ogino, T.; Ichii, S.; Isobe, Y.; Tobe, M.; Ogita, H.; Takaku, H.; Sajiki, H.; Hirota, K.; Kawakami, H., *Bioorg. Med. Chem.*, **2004**, 12, 1091.

32. Chang, Y.; Wignall, S.; Rosania, G.; Gray, N.; Hanson, S.; Su, A.; Merlie, J.; Sangankar, S.; Perez, O.; Heald, R.; Schultz, P., *J. Med. Chem.*, **2001**, 44, 4497.

33. Chen, S.; Zhang, Q.; Wu, X.; Schultz, P.; Ding, S., *J. Am. Chem. Soc.*, **2004**, 126, 410.

34. Penning, T.; Chandrakumar, N.; Desai, B.; Djuric, S.; Gasiecki, A.; Malecha, J.; Miyashiro, J.; Russell, M.; Askonas, L.; Gierse, J.; Harding, E.; Highkin, M.; Kachur, J.; Kim, S.; Villani-Price, D.; Pyla, E.; Ghoreishi-Haack, N.; Smith, W., *Bioorg. Med. Chem. Lett.*, **2003**, 13, 1137.

35. Gundersen, L.; Nissen-Meyer, J.; Spilsberg, B., *J. Med. Chem.*, **2002**, 45, 1383.

36. Bakkestuen, A.; Gundersen, L.; Langli, G.; Liu, F.; Nolsoe, J., *J. Bioorg. Med. Chem. Lett.*, **2000**, 10, 1207.

37. Pathak, A.; Pathak, V.; Seitz, L.; Suling, W.; Reynolds, R., *J. Med. Chem.*, **2004**, 47, 273.

38. Altmann, E.; Cowan-Jacob, S.; Missbach, M., *J. Med. Chem.*, **2004**, 47, 5833.

39. Whitehead, J.; Lee, G.; Gharagozloo, P.; Hofer, P.; Gehrig, A.; Wintergerst, P.; Smyth, D.; McCoull, W.; Hachicha, M.; Patel, A.; Kyle, D., *J. Med. Chem.*, **2005**, 48, 1237.

40. Raboisson, P.; Lugnier, C.; Muller, C.; Reimund, J.; Schultz, D.; Pinna, G.; Le Bec, A.; Basaran, H.; Desaubry, L.; Gaudiot, F.; Selouma, M.; Bourguignon, J., *J. Eur. J. Eur. Med. Chem.*, **2003**, 38, 199.

41. Pissarnitski, D.; Asberom, T.; Boyle, C.; Chackalamannil, S.; Chintala, M.; Clader, J.; Greenlee, W.; Hu, Y.; Kurowski, S.; Myers, J., *Bioorg. Med. Chem. Lett.*, **2004**, 14, 1291.

42. Ahn, H.; Bercovici, A.; Boykow, G.; Bronnenkant, A.; Chackalamannil, S.; Chow, J.; Cleven, R.; Cook, J.; Czarniecki, M.; Domalski, C.; Fawzi, A.; Green, M.; Gundes, A.; Ho, G.; Laudicina, M.; Lindo, N.; Ma, K.; Manna, M.; McKittrick, B.; Mirzai, B.; Nechuta, T.; Neustadt, B.; Puchalski, C.; Pula, K.; Silverman, L.; Smith, E.; Stamford, A.; Tedesco, R.; Tsai, H.; Zhang, H., *J. Med. Chem.*, **1997**, 40, 2196.

43. Shakespeare, W.; Metcalf, I.; Chester, A.; Wang, Y.; Sundaramoorthi, R.; Keenan, T.; eigele, M.;

Bohacek, R.; Dalgarno, D.; Sawyer, T., *Curr. Opin. Drug Discov. Dev.*, **2003**, 6, 729.

44. Wang, Y.; Metcalf, I.; Chester, A.; Shakespeare, W.; Sundaramoorthi, R.; Keenan, T.; ohacek, R.; van Schravendijk, M.; Violette, S.; Narula, S., *Bioorg. Med. Chem. Lett.*, **2003**, 13, 3067.

45. Daub, H.; Specht, K.; Ullrich, A., *Nat. Rev. Drug Disc.*, **2004**, 3, 1001.

46. O'Hare, T.; Pollock, R.; Stoffregen, E.; Keats, J.; Abdullah, O.; Moseson, E.; Rivera, V.; Tang, H.; Metcalf, C.; Bohacek, R.; Wang, Y.; Sundaramoorthi, R.; Shakespeare, W.; Dalgarno, D.; Clackson, T.; Sawyer, T.; Deininger, M.; Druker, B., *Blood,* **2004**, 104, 2532.

47. http://www.ariad.com/products/.

48. Corbin, A.; Demehri, S.; Griswold, I.; Wang, Y.; Metcalf, C.; Sundaramoorthi, R.; Shakespeare, W.; Snodgrass, J.; Wardwell, S.; Dalgarno, D.; Iuliucci, J.; Sawyer, T.; Heinrich, M.; Druker, B.; Deininger, M., *Blood,* **2005**, 106, 227.

49. Pelaia, G.; Cuda, G.; Vatrella, A.; Gallelli, L.; Caraglia, M.; Marra, M.; Abbruzzese, A.; Caputi, M.; Maselli, R.; Costanzo, J.*, J. Cell. Physiol*, **2005**, 202, 642.

50. Knockaert, M.; Greengard, P.; Meijer, L., *Trends Pharmacol. Sci*., **2002**, 23, 417.

51. McClue, S.; Blake, D.; Clarke, R.; Cowan, A.; Cummings, L.; Fischer, P.; Mackenzy, M.; Melville, J.; Stewart, K.; Wang, S.; Zhelev, N.; Zheleva, D.; Lane, D., *Int. J. Cancer* **2002**, 102, 463.

52. Fabbro, D.; Ruetz, S.; Buchdunger, E.; Cowan-Jacob, S.; Fendrich, G.; Liebetanz, J.; Mestan, J.; O'Reilly, T.; Traxler, P.; Chaudhuri, B.; Fretz, H.; Zimmermann, J.; Meyer, T.; Caravatti, G.; Furet, P.; Manley, P., *W. Pharmacol. Ther*., **2002**, 93, 79.

53. Yu, C.; Rahmani, M.; Dai, Y.; Conrad, D.; Krystal, G.; Dent, P.; Grant, S. *Cancer Res*., **2003**, 63, 1822.

54. Veseley, J.; Havlicek, L.; Strnad, M.; Blow, J.; Donella-Deana, A.; Pinna, L.; Letham, D. S.; Kato, J.; Detivaud, L.; Leclerc, S.; Meijer, L., *Eur. J. Biochem*, **1994**, 224, 771.

55. De Azevedo, W.; Leclerc, S.; Meijer, L.; Havlicek, L.; Strnad, M.; Kim, S., *Eur. J. Biochem*, **1997**, 243, 518.

56. Raynaud, F.; Fischer, P.; Nutley, B.; Goddard, P.; Lane, D.; Workman, P., *Mol. Cancer Ther*., **2004**, 3, 353.

57. Albani Molecular Research, I., **2003**, *WO 03/022805 A2.*

58. Hardcastle, I.; Ian, R.; Arris, C.; Bentley, J.; Boyle, F.; Chen, Y.; Curtin, N.; Endicott, J.; Gibson, A.; Golding, B.; Griffin, R.; Jewsbury, P.; Menyerol, J.; Mesguiche, V.; Newell, D.; Noble, M.; Pratt, D.; Wang, L.; Whitfield, H., *J. Med. Chem*., **2004**, 47, 3710.

59. Davies, T.; Bentley, J.; Arris, C.; Boyle, F.; Curtin, N.; Endicott, J.; Gibson, A.; Golding, B.; Griffin, R., *Nat. Struct. Biol*., **2002**, 9, 745.

60. Daluge, S., **1990**, *EP 349242*; **1991**, US 5034394; Crimmins, M.; King, B., *J. Org. Chem.*, **1996**, 61, 4192.

61. Koszalka, G.; Krenitsky, T., **1986**, EP 206497; Webb, R., *Nucleosides Nucleotides,* **1988**, 7, 147.

62. (a) Rosenberg, I., *Collect. Czech. Chem. Commun.*, **1988**, 53, 2753. (b) Santo, *Recolher. Checa. Chem. Commun.*, **1995**, 60, 1390. (c) Schultze, L.; Chapman, H.; Dubree, N.; Jones, R.; Kent, K.; Lee, T.; Louie, M.; Postich, M.; Prisbe, E.; Rohloff, J., *Tetrahedron Lett.*, **1998**, 39, 1853. (d) Arimilli, M., *Antiviral Chem. Chemother.*, **1997**, 8, 557. (e) Arimilli, M., **1998**, *WO 9804569, US 5922659.* (f) Margot, N.; Isaacson, E.; McGowan, I.; Cheng, A.; Miller, M., *J. Acquired Immune Defic. Syndr.*, **2003**, 33, 15-21.

63. (a) Holy, A.; Rosenberg, I., **1986**, *EP 206459.* (b) Eidem, **1989**, *US 4808716,; Recolher. Checa. Chem. Commun.* **1987**, 52, 2801.

64. (a) Schaeffer, H., **1976**, *DE 2539963.* (b) Eidem, **1980**, *US 4199574. (c)* Matsumoto, H., *chem. Pharm. Bull*, **1988**, 36, 1153.

65. Krenitsky, T., **1989**, EP *308065*; Beauchamp, L., **1990**, *US 4957924.*

66. (a) Pandit, U., *Synth. Commn.* **1972**, 2, 345. (b) Jarvest, R.; Harnden, M., **1991**, *US 5075445.* (c) Harnden, M.; Jarvest, R.; Bacon, T.; Boyd, M., *J. Med. Chem.*, **1987**, 30, 1636. (d) Hannah, J., *J. Heterocycl. Chem.*, **1989**, 26, 1261.

67. (a) Harnden, M.; Jarvest, R., **1986**, *AU 85 47560.* (b) Eidem, **1993**, *US 5246937.* (b) Harnden, M.; Jarvest, R.; Bacon, T.; Boyd, M.; Hodge, R., *J. Med. Chem*, **1989**, 32, 1738.

68. (a) Verheyden, J.; Martin, J., **1982**, *US 4355032.* (b) Martin, J.; Dvorak, C.; Smee, D.; Matthews, T.; Verheyden, J., *J. Med. Chem.*, **1983**, 26, 759.

69. (a) Nestor, J., **1996**, *EP 694547.* (b) Eidem, **2000**, *US 6083953.*

70. Daelemans, D.; Este, J.; Witvrouw, M.; Pannecouque, C.; Jonckheere, H.; Aquaro, S.; Perno, C.; De Clercq, E.; Vandamme, A., *Mol. Pharmacol*, **1997**, 52, 1157-1163.

71. Manvar, A., Universidade de Saurashtra, *E-thesis*, **2007**, 53.

72. Besanceney-Webler, C.; Jiang, H.; Zheng, T.; Feng, L.; Soriano del Amo, D.; Wang, W.; Klivansky, L.; Marlow, F.; Liu, Y.; Wu, P., *Angew. Chem. Int. Ed.,* **2011**, 50, 8051.

73. (a) Kolb, H.; Finn, M.; Sharpless, K., *Angew. Chem. Int. Ed.*, **2001**, 40, 2004. (b) u, P.; Feldman, A.; Nugent, A.; Hawker, C.; Scheel, A.; oit, B.; Pyun, J.; Fr chet, J.; Sharpless, K.; Fokin, V., *Angew. Chem., Int. Ed.*, **2004**, 43, 3928.

74. Thirumurugan, P.; Matosiuk, D.; Jozwiak, K., *J am. Chem. Soc., Chem. Rev.*, **2013**, 113, 4905-4979.

75. (a) Kolb, H; Sharpless, K., *Drug Discovery Today*, **2003**, 8, 1128. (b) Moses, J.; Moorhouse, A., *Chem. Rev.*, **2007**, 36, 1249.

76. Rostovtsev, V.; Green, L.; Fokin, V.; Sharpless, K., *Angew. Chem.*, **2002**, 114, 2708.

77. (a) Appukkuttan, P.; Dehaen, W.; Fokin, V.; Van der Eycken, E., *Org. Lett.*, **2004**, 6, 4223. (b) Binder, W.; Sachsenhofer, R., *Macromol. Rapid Commun.*, **2007**, 28, 15.

78. Bouillon, C.; Meyer, A.; Vidal, S.; Jochum, A.; Chevolot, Y.; Cloarec, J.; Praly, J.; Vasseur, J.; Morvan, F., *J. Org. Chem.*, **2006**, 71, 4700.

79. Finn, M.; Fokin, V., *Chem. Rev.*, **2010**, 39, 1231.

80. Tron, G.; Pirali, T.; Billington, R.; Canonico, P.; Sorba, G.; Genazzani, A., *Med. Res. Rev.*, **2008**, 28, 278.

81. Y. Kosugi, Y.; Saito, Y.; Mori, S.; Watanabe, J.; Baba, M.; Shigeta, S., *Antiviral Chem. Chemother*, **1994**, 5, 366.

82. Inou, T.; Kusaba, R.; Takahashi, I.; Sugimoto, H.; Kuzuhara, K.; Yamada, Y.; Yamauchi, J.; Otsubo, O., *Transplant. Proc.*, **1981**, 8, 315.

83. Perez-Castro, I.; Caamano, O.; Fernandez, F.; Garcia, M.; Lopez, C.; Clercq, E., *The Royal Society of Chemistry, 2007, Org. Biomol. Chem.,* **2007**, 5, 3805-3813.

84. Minakawa, N.; Takeda, T.; Sasaki, T.; Matsuda, A.; Ueda, T., *J. Med. Chem.*, **1991**, 34, 778.

85. Diana, G.; Nitz, T., **1993**, *Eur. Pat.566199*.

86. Mingdong, C.; Shijie, L.; Guanqpu, Y.; Shiyan, Y.; Xuaoli, D., *Heterocycl. Commun*, **2000**, 6, 421.

87. Manfredini, S.; Vicentini, C.; Manfrini, M.; Bianchi, N.; Rutigliano, A.; Mistiachi, C.; Gambari, R., *Bioorg. Med. Chem.*, **2000**, 8, 2343.

88. (a) Alvarez, R.; Vel' azquez, S.; San-Felix, A.; Aquaro, S.; De Clercq, E.; Perno, C.; Karlsson, A.; Balzarini, J.; Camarasa, M., *J. Med. Chem.*, **1994**, 37, 4185. (b) Vel' azquez, S.; Alvarez, R.; Erez, C.; Gago, F.; De Clercq, E.; Balzarini, J.; Camarasa, M., *Antiviral Chem. Chemother*, **1998**, 9, 481.

89. Alonso, R.; Camarasa, M.; Alonso, G.; De las Heras, F., *Eur. J. Med. Chem.*, **1980**, 15, 105.

90. Rostovtsev, V.; Green, L.; Fokin, V.; Sharpless, K., *Angew. Chem., Int. Ed.*, **2002**, 41, 2596-2599.

91. Tomoe, C.; Christensen, C.; Meldal, M., *J. Org. Chem.,* **2002**, 67, 3057-3064.

92. Burley, G.; Gierlich, J.; Mofid, M.; Nir, H.; Tal, S.; Eichen, Y.; Carell, T., *J. Am. Chem. Soc.*, **2006**, 128, 1398-1399.

93. Gierlich, J.; Burley, G.; Gramlich, P.; Hammond, D.; Carell, T., *Org. Lett.*, **2006**, 8, 3639-3642.

94. Wirges, C.; Gramlich, P.; Gutsmiedl, K.; Gierlich, J.; Burley, G.; Carell, T., *QSAR Comb. Sci.*, **2007**, 26, 1159-1164.

95. Gierlich, J.; Gutsmiedl, K.; Gramlich, P.; Schmidt, A.; Burley, G.; Carell, T., *Chem. Eur. J.*, **2007**, 13, 9486-9494.

96. Seela, F.; Sirivolu, V.; Chittepu, P., *Bioconjugate Chem*, **2008**, 19, 211-224.

97. Ami, T.; Fujimoto, K., *ChemBioChem*, **2008**, 9, 2071-2074.

98. Yoshimura, T.; Fujimoto, J., *Photopolym. Sci. Technol.*, **2009**, 22, 267-272.

99. Kocalka, P.; Andersen, N.; Jensen, F.; Nielsen, P., *Chem. Bio. Chem.,* **2007**, 8, 2106-2116.

100. Gogoi, K.; Mane, M.; Kunte, S.; Kumar, V., *Nucleic Acids Res.*, **2007**, 35, 139.

101. Jakobsen, U.; Shelke, S.; Vogel, S.; Sigurdsson, S., *J. Am. Chem. Soc.*, **2010**, 132, 10424-10428.

102. (a) Temple, C.; Kussner, C.; Montgommery, J., *J. Org. Chem.,* **1966**, 31, 2210. (b) Lioux, T.; Gosselin, G.; Mathe, C., *Eur. J. Org. Chem.*, **2003**, 20, 3997.

103. Cosyn, L.; Gao, Z.; Van Rompaey, P.; Lu, C.; Jacobson, K.; Van Calenbergh, S., *Bioorg. Med. Chem.*, **2006**, 14, 1403.

104. Gupte, A.; Boshoff, H.; Wilson, D.; Neres, J.; Labello, N.; Somu, R.; Xing, C.; Barry, C.; Aldrich, C., *J. Med. Chem.*, **2008**, 51, 7495.

105. (a) Xia, Y.; Li, W.; Qu, F.; Fan, Z.; Liu, X.; Berro, C.; Rauzy, E.; Peng, L., *Org. Biomol. Chem.*, **2007**, 5, 1695. (b) Li, W.; Xia, Y.; Fan,Z.; Qu, F.; Wu, Q.; Peng, L., *Tetrahedron Lett.*, **2008**, 49, 2804.

106. O'Mahony, G.; Ehrman, E.; Grotli, M., *Tetrahedron Lett.,* **2005**, 46, 6745.

107. Cosyn, L.; Gao, Z.; Van Rompaey, P.; Lu, C.; Jacobson, K.; Van Calenbergh, S., *Bioorg. Med. Chem.*, **2006**, 14, 1403.

108. Enderlin, G.; Nielsen, P., *J. Org. Chem.*, **2008**, 73, 6891.

109. Lober, S.; Gmeiner, P., *Tetrahedron,* **2004**, 60, 8699-8702.

110. Lo1ber, S.; Rodriguez-Loaiza, P.; Gmeiner, P., *organic letters.*, **2003**, 5, 17531755.

111. Torn0e, C.; Christensen, C.; Melda, M., *J. Org. Chem.,* **2002**, 67, 3057-3064.

112. Isobe, H.; Fujino, T.; Yamazaki, N.; Guillot-Nieckowski, M.; Naka-mura, E., *Org. Lett.*, **2008**, 10, 3729.

113. Hiroki, H.; Ogata, K.; Fukuzawa, S., *Syn. Let.*, **2013**, 24, 843-846.

114. (a) Kolb, H.; Sharpless, K., *Drug Discovery Today*, **2003**, 8, 1128. (b) Moses, J.; Moorhouse, A., *Chem. Rev.*, **2007**, 36, 1249.

115. He, X.; Deng, Q.; Gao, L.; Li, C.; Zhang, W.; Zhou, Y.; Tang, Y.; Shi, X.; Xie, J.; Li, J.; Chen, G.; Chen, K., *Bioorg. Med. Chem.*, **2011**, 19, 3892.

116. Li, C.; He, X.; Zhang, Y.; Li, Z.; Gao, L.; Shi, X.; Xie, J.; Li, J.; Chen, G.; Tang, Y., *Eur. J. Med. Chem.*, **2011**, 46, 4212.

117. Zhou, B.; He, Y.; Zhang, X.; Xu, J.; Luo, Y.; Wang, Y.; Franzblau, S.; Yang, Z.; Chan, R.; Liu, Y.; Zheng, J.; Zhang, Z., *Proc. Natl. Acad. Sci. U.S.A.*, **2010**, 107, 4573.

118. Wang, J.; He, X.; Gao, L.; Sheng, L.; Shi, X.; Li, J.; Chen, G., *Chin. J. Chem.*, **2011**, 29, 1227.

119. Kumar, D.; Reddy, V.; Kumar, A.; Mandal, D.; Tiwari, R.; Parang, K., *Bioorg. Med. Chem.*

Lett., **2011**, 21, 449.

120. Klein, M.; Diner, P.; Dorin-Semblat, D.; Doerig, C.; Grotli, M., *Org. Bio. mol. Chem.*, **2009**, 7, 3421.

121. Roychoudhury, R.; Pohl, N., *Curr. Opin. Chem. Biol.,* **2010**, 14, 168.

122. Hosoguchi, K.; Maeda, T.; Furukawa, J.; Shinohara, Y.; Hinou, H.; Sekiguchi, M.; Togame, H.; Takemoto, H.; Kondo, H.; Nishimura, S., .*J. Med. Chem.,* **2010**, 53, 5607.

123. Lee, L.; Mitchell, M.; Huang, S.; Fokin, V.; Sharpless, K.; Wong, C., *J. Am. Chem. Soc.*, **2003**, 125, 9588.

124. Colombano, G.; Travelli, C.; Galli, U.; Caldarelli, A.; Chini, M.; Canonico, P.; Sorba, G.; Bifulco, G.; Tron, G.; Genazzani, A., *J. Med. Chem.*, **2009**, 53, 616.

125. Galli, U.; Ercolano, E.; Carraro, L.; Blasi Roman, C.; Sorba, G.; Canonico, P.; Genazzani, A.; Tron, G.; Billington, R., *Chem. Med. Chem.,* **2008**, 3, 771.

126. Cheng, K.; Liu, J.; Sun, H.; Xie, J., *Chem. Biodiversity*, **2010**, 7, 690.

127. Alexacou, K.; Hayes, J.; Tiraidis, C.; Zographos, S.; Leonidas, D.; Chrysina, E.; Archontis, G.; Oikonomakos, N.; Paul, J.; Varghese, B.; Loganathan, D., *Proteins: Struct., Funct., Bioinf.*, **2008**, 71, 1307.

128. Cheng, K.; Liu, J.; Sun, H.; Xie, J., *Synthesis*, **2010**, 2010, 1046.

129. Danel, K.; Larsen, L.; Pedersen, E.; Sanna, G.; La Colla, P.; Loddo, R., *Bioorg. Med. Chem.*, **2008**, 16, 511.

130. Kocalka, P.; Andersen, N.; Jensen, F.; Nielsen, P., *Chem. Bio. Chem.,* **2007**, 8, 2106.

131. Adibekian, A.; Martin, B.; Wang, C.; Hsu, K.; Bachovchin, D.; Niessen, S.; Hoover, H.; Cravatt, B., *Nat. Chem. Biol.*, **2011**, 7, 469.

132. Singer, M.; Lopez, M.; Bornaghi, L.; Innocenti, A.; Vullo, D.; Supuran, C.; Poulsen, S., *Bioorg. Med. Chem. Lett.*, **2009**, 19, 2273.

133. Wilkinson, B.; Bornaghi, L.; Houston, T.; Innocenti, A.; Vullo, D.; Supuran, C.; Poulsen, S., *J. Med. Chem.*, **2007**, 50, 1651.

134. Winum, J.; Poulsen, S.; Supuran, C., *Med. Res. Rev.*, **2009**, 29, 419.

135. Suzuki, T.; Ota, Y.; Kasuya, Y.; Mutsuga, M.; Kawamura, Y.; Tsumoto, H.; Nakagawa, H.; Finn, M.; Miyata, N., *Angew. Chem., Int. Ed.*, **2010**, 49, 6817.

136. Tron, G.; Pirali, T.; Billington, R.; Canonico, P.; Sorba, G.; Genazzani, A., *Med. Res. Rev.*, **2008**, 28, 278.

137. Senderowicz, A. M., *Oncogene*, **2003**, 22, 6609-6620.

138. Senderowicz, A. M., *Curr Opin Cell Biol*, **2004**, 16, 670-678.

139. Meijer, L.; Borgne, A.; Mulner, O.; Chong, J. P.; Blow, J. J.; Inagaki, N.; Inagaki, M.; Delcros, J. G.; Moulinoux, J. P., *Eur J Biochem*, **1997**, 243, 527-536.

140. Legraverend, M.; Ludwig, O.; Bisagni, E.; Leclerc, S.; Meijer, L.; Giocanti, N.; Sadri, R.; Favaudon, V., *Bioorg Med Chem*, **1999**, 7, 1281-1293.

141. Krystof, V.; Lenobel, R.; Havlicek, L.; Kuzma, M.; Strnad, M., *Bioorg Med Chem Lett.*, **2002**, 12, 3283-3286.

142. Krystof, V.; McNae, I. W.; Walkinshaw, M. D.; Fischer, P. M.; Muller, P.; Vojtesek, B.; Orsag, M.; Havlicek, L.; Strnad, M., *Cell Mol Life Sci.*, **2005**, 62, 1763-1771.

143. Patrick, G. N.; Zukerberg, L.; Nikolic, M.; de la Monte, S.; Dikkes, P.; Tsai, L. H., *Nature*, **1999**, 402, 615-22.

144. Paglini, G.; Cáceres, A., *Eur. J. Biochem,* **2001**, 268, 1528-33.

145. Tarricone, C.; Dhavan, R.; Peng, J.; Areces, L. B.; Tsai, L. H.; Musacchio, A., *Mol. Cell*, **2001**, 8 (3), 657-69.

146. Sananbenesi, F.; Fischer, A.; Wang, X.; Schrick, C.; Neve, R.; Radulovic, J.; Tsai, L. H., *Nat. Neurosci.*, **2007**, 10 (8), 1012-1019.

147. (a) De Clercq, E. J., *Clin Virol.*, **2004**, 30, 115; (b) De Clercq, E., *Curr. Med. Chem.*, 2001, 8, 1543; c) De Clercq, E., *J. Med. Chem.*, **1995**, 38, 2491; d) De Clercq, E., *J. Med. Chem.*, 2005, 48, 1297; e) De Clercq, E.; Field, H., *J. Br. J. Pharmacol.*, **2006**, 147, 1.

148. Herdewijn, P., *Wiley-VCH: Weinheim*, Alemanha, **2008**.

149. Parker, W. B., *Chem. Rev.*, **2009**, 109, 2880.

150. Matsuda, A.; Sasaki, T., *Cancer Sci.*, **2004**, 95, 105.

151. Mieczkowski, A.; Roy, V.; Agrofoglio, L. A., *Chem. Rev.*, **2010**, 110, 1828.

152. Len, C.; Mondon, M.; Lebreton, J., *Tetrahedron*, **2008**, 64, 7453.

153. Nair, V.; Bera, B., *Nucleosides, Nuceotides and nucleic acids*, **2003**, 22(2), 115 127.

154. Ogilvie, K. K.; Nguyen-Ba, N.; F-Gillen, M., *Can J chem*, **1984**, 62.

155. Murti, Y.; Badal, N.; Pathak, D., *Int Pharma sci*, **2011**, 1, 116-122.

156. Pelaia, G.; Cuda, G.; Vatrella, A.; Gallelli, L.; Caraglia, M.; Marra, M.; Abbruzzese, A.; Caputi, M.; Maselli, R.; Costanzo, J., *J. Cell. Physiol.*, **2005**, 202, 642.

157. Raic-Malic, S.; Hergold-Brundic, A.; Grdisa, M., *J med chem*, **1999**, 42, 26732678.

158. Rybar, A., *Adv. Heterocycl. Chem.*, **2005**, 88, 175.

159. Rybar, A., *Adv. Heterocycl. Chem.*, **2004**, 87, 85.

160. Khalyullin, F. A.; Kochergin, P. M.; Strokin, Y. V.; Kataev, V. A., *Pharm. Chem. J.*, **1992**, 26, 270.

161. Hirota, K.; Isobe, Y.; Chiba, N.; Satoh, H.; Takaku, H.; Matsui, H.; Ogita. H., *JP Patent*, **1997/002310**.

162. Kurimoto, A.; Ogino, T.; Kawakami, H., *Patente JP*, **1998/005318**.

163. Tanaka, T.; Iwashita, E.; Tarao, A.; Amenomori, A.; Ono, Y.; *Patente JP*, 1998/005092.

164. Reimund, J. M.; Raboisson, P.; Pinna, G.; Lugnier, C.; Bourguignon, J. J.; Muller, C. D., *Biochem.Biophys. Res. Commun.*, **2001**, 288, 427-423.

165. Cooper, G. M.; *Jones and Bartlett Publishers: Boston,* **1992**, 1.

166. Jani, A. B.; Johnstone, P. A. S.; Liauw, S. L.; Master, V. A.; Brawley, O. *W, American Journal of Clinical Oncology*, **2008**, 31, 375-378.

167. Stephenson, R. A., *Urologic Clinics of North America*, **2002**, 29, 173-181.

168. Neve, R. M., *Cancer Cell*, **2006,** 10, 515-527.

169. Kobayashi, S., *Engl J Med.*, **2005**, 352, 786-792.

170. Lievre, A., *Cancer Res.*, **2006,** 66, 3992-3995.

171. Crosta, P., http://www.medicalnewstoday.com/info/cancer-oncology/.

172. Loeb, K. R.; Loeb, L. A., *Carcinogenesis*, **2000**, 21, 379-85.

173. Hahn, W. C.; Weinberg, R. A., *Nat. Rev. Cancer*, **2002**, 2, 331-41.

174. Mucci, L. A.; Wedren, S. ; Tamimi, R. M.; Trichopoulos, D.; Adami, H. O., *J. Intern. Med.,* **2001**, 249, 477-93.

175. Czene, K.; Hemminki, K., *Kidney Int.*, **2002**, 61, 1806-13.

176. Doll, R.; Peto, R., *J. Natl. Cancer Inst.*, **1981**, 66, 1191-308.

177. Denissenko, M. F.; Pao, A.; Tang, M.; Pfeifer, G. P., *Science,* **1996**, 274, 430-2.

178. Anto, R. J.; Mukhopadhyay, A.; Shishodia, S.; Gairola, C. G.; Aggarwal, B. B., *Carcinogenesis*, **2002**, 23, 1511-8.

179. Tuyns, A. J., *Cancer Res.*, **1979**, 39, 2840-3.

180. Willett, W. C., *Diet and cancer. Oncologist*, **2000**, 5, 393-404.

181. Calle, E. E.; Rodriguez, C.; Walker-Thurmond, K.; Thun, M. J., *N Engl J Med.*, **2003**, 348, 1625-1638.

182. Drewnowski, A.; Popkin, B. M., *Nutr. Rev.*, **1997**, 55, 31-43.

183. Pisani, P.; Parkin, D. M.; Munoz, N.; Ferlay, J., *Biomarkers Prev.*, **1997**, 6, 387 400.

184. Parkin, D. M., *Int. J. Cancer,* **2006**, 118, 3030-3044.

185. Belpomme, D.; Irigaray, P.; Hardell, L.; Clapp, R.; Montagnier, L.; Epstein, S.; Sasco, A. J., *Environ. Res.*, **2007**, 105, 414-429.

186. Divisi, D.; Di Tommaso, S.; Salvemini, S.; Garramone, M.; Crisci, R., *Ata Biomed.*, **2006**, 77, 118-123.

187. Chen, L.; Zhang, H. Y., *Molecules,* **2007**, 12, 946-957.

188. Richardson, D. P., Nutr. Bull, **2000**, 25, 353-360.

189. Lee, K. W.; Lee, H. J.; Surh, Y. J.; Lee, C. Y., *Am. J. Clin. Nutr.*, **2003**, 78, 10741078.

190. Booth, F. W.; Chakravarthy, M. V.; Gordon, S. E.; Spangenburg, E. E., *J. Appl. Physiol*, **2002**, 93, 3-30.

191. Tannenbaum, A.; Silverstone, H., *Am. J. Cancer*, **1940**, 38, 335-350.

192. Ghosh, R.; Nadiminty, N.; Fitzpatrick, J. E.; Alworth, W. L.; Slaga, T. J.; Kumar, A. P., *J. Biol. Chem.*, **2005**, 280, 5812-5819.

193. Belpomme, D., Irigaray, P.; Hardell, L.; Clapp, R.; Montagnier, L.; Epstein, S.; Sasco, A. J., *Environ. Res.*, **2007**, 105, 414-429.

194. Russo, G. L., *Biochem. Pharmacol*, 74, **2007**, 533-544.

195. Marquart, L.; Wiemer, K. L.; Jones, J. M.; Jacob, B., *Nutr. Soc.*, **2003**, 62, 151 160.

196. Lam, S.; MacAulay, C.; Le Riche, J. C.; Dyachkova, Y.; Coldman, A.; Guillaud, M.; Hawk, E.; Christen, M. O.; Gazdar, A. F., *J. Natl. Cancer Inst.*, **2002**, 94, 1001-1009.

197. *Holland-Frei Cancer Medicine*, 6ª edição, Capítulo 4, **2003**.

198. *Instituto Nacional do Cancro*, "Targeted Cancer Therapies". www.cancer.gov., **2014**.

199. Bomford, C. K.; Kunkler, I. H.; Walter, J., 6th Ed, **311**.

200. *Radiosensibilidade*, http://www.gpnotebook.co.uk/simplepage.cfm?.

201. *Radioterapia*, http://www.patient.co.uk/showdoc/40002299/.

202. *Instituto Nacional do Cancro*, "Targeted Cancer Therapies". www.cancer.gov., **2014**.

203. (a) Henderson, B. E.; Bernstein, L.; Ross, R. K., **2000**. (b) Kufe, D. W.; Pollock, R. E., "Chapter 13: Hormones and the Etiology of Cancer", Holland-Frei Cancer Medicine (5th ed.).

204. Lind, M. J., *Medicine,* **2008**, 36,19-23.

205. Winther, H.; Jorgensen, J. T., *PharmMed,* **2010**, 24, 363-375.

206. Richard, G., *Researching and applying metaphor.* Cambridge, Reino Unido: Cambridge University Press, **1999**.

207. Barbara, E., *Bright-sided: How the Relentless Promotion of Positive Thinking Has Undermined America [Como a promoção implacável do pensamento positivo minou a América]*. Nova Iorque: Metropolitan Books, **2009**, 15-44.

APRESENTAÇÃO DOS AUTORES:

Dr. Ranjan C. Khunt

A Dra. Ranjan Khunt é Professora Associada do Departamento de Química da Universidade de Saurashtra, Rajkot (Gujarat- Índia) desde 2014. É doutorada em Química Heterocíclica pela Universidade de Saurashtra em 1998. Em 1999, entrou para a Universidade de Saurashtra como professora assistente. Os seus interesses de investigação incluem a química heterocíclica, as reacções multicomponentes e as reacções de acoplamento, o estudo de docking, o estudo Q-SAR e a investigação medicinal.
Química. O Dr. Khunt publicou um livro sobre "Essência da Química Heterocíclica" na New Age International Publishers e mais de 75 artigos científicos em revistas nacionais e internacionais que tratam da síntese inovadora de diversas moléculas e das suas aplicações em biologia e medicina.

Dr. Khushal M. Kapadiya

O Dr. Khushal Kapadiya obteve o grau de Mestre (2011) e de Doutor (2016) em Química

Organo-farmacêutica na Universidade de Saurashtra, Rajkot (Gujarat- Índia). Depois do mestrado, trabalhou na INTAS pharmaceutical LTD, Ahmedabad, como investigador associado e, em seguida, ingressou no doutoramento. O seu trabalho de investigação centrou-se principalmente na modelação e conceção de diversas estruturas, em particular MCR e química baseada na reação de acoplamento. É autor de mais de 15 artigos em revistas nacionais e internacionais. Ingressou na Escola de Ciências da Universidade R.K., Rajkot, como Professor Assistente em 2016.

More
Books!
yes

MIX
Papier aus verantwortungsvollen Quellen
Paper from responsible sources
FSC® C105338

Printed by Books on Demand GmbH, Norderstedt / Germany